装配式渠道
典型设计图集

主　编　张　杰　梁　喆
主　审　罗国平　梁卫平

中国水利水电出版社
www.waterpub.com.cn
·北京·

内 容 提 要

本书着重阐述T型装配式渠道设计的基本理论、结构设计与选型等基本知识。通过渠道过流流量、结构设计参数、灌溉面积的选择等方面介绍了典型T型装配式渠道的设计方案及原理。

本书可作为全国水利类设计院、水利管理单位的设计管理参考用书，也可供从事装配式构件设计等方面的相关工作人员参考。

图书在版编目（CIP）数据

装配式渠道典型设计图集 / 张杰，梁喆主编. -- 北京 : 中国水利水电出版社，2021.3
ISBN 978-7-5170-9528-6

Ⅰ. ①装… Ⅱ. ①张… ②梁… Ⅲ. ①渠道－装配式构件－结构设计－图集 Ⅳ. ①U61-64

中国版本图书馆CIP数据核字(2021)第060487号

书　名	**装配式渠道典型设计图集** ZHUANGPEISHI QUDAO DIANXING SHEJI TUJI
作　者	主　编　张　杰　梁　喆 主　审　罗国平　梁卫平
出版发行	中国水利水电出版社 （北京市海淀区玉渊潭南路1号D座　100038） 网址：www.waterpub.com.cn E-mail：sales@waterpub.com.cn 电话：（010）68367658（营销中心）
经　售	北京科水图书销售中心（零售） 电话：（010）88383994、63202643、68545874 全国各地新华书店和相关出版物销售网点

排　版	中国水利水电出版社微机排版中心
印　刷	清淞永业（天津）印刷有限公司
规　格	297mm×210mm　16开本　2.75印张　112千字
版　次	2021年3月第1版　2021年3月第1次印刷
印　数	0001—1000册
定　价	**49.00**元

前言

2015 年 12 月召开了中央城市工作会，中共中央 国务院印发了《关于进一步加强城市规划建设管理工作的若干意见》（以下简称《意见》）。《意见》指出，力争用 10 年左右时间，使装配式建筑占新建建筑的比例达到 30%。伴随着 2014 年中央一号文件的出台，农村水利现代化建设将大力推进，这意味着数目巨大的中小型农田水工建筑物将被修建，大力发展预制装配式水工建筑物将大有可为，这将一改近年来装配式结构在我国水利工程中应用及研究相对缓慢的颓势。

当前小型农田水利建设存在点多、线长、面广，施工工期受天气影响大且不可控，施工队伍技术参差不齐，施工质量控制难度较大等问题。而装配式施工技术采用工厂化预制、装配式施工，能够大大缩短施工周期、有效控制质量、统一建设标准，因此有必要进行小型农田水利建设的装配式试点，进而为全面推广打下坚实基础。

本书由张杰、梁喆主编，罗国平、梁卫平主审。参编人员有李燕妮、刘孝俊、袁理、罗超、宋文杰、罗仕军、徐义军。全书由张杰统稿，由罗超对书中全部表格进行整理。

本书的编写得到了湖南省水利厅农村水利水电处、湖南省水利水电科学研究院领导和相关同事的支持和帮助，对此我们表示由衷的感谢。

由于装配式渠道在水利工程尤其是农村小型水利工程上的应用正处于探索阶段，加之编者水平有限，书中错误在所难免，恳请读者批评指正。

编者

2021年1月

目录

T型装配式渠槽典型设计俯视图

1∶10

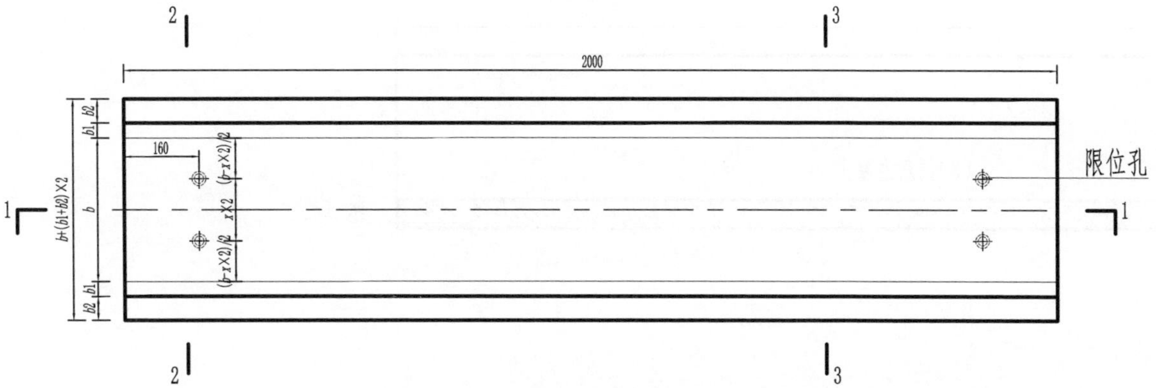

T型装配式渠槽典型设计侧视图

1∶10

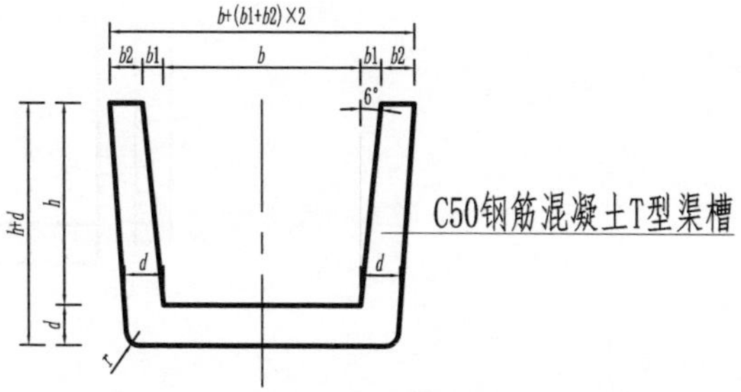

T型装配式渠槽典型设计正视图

1∶10

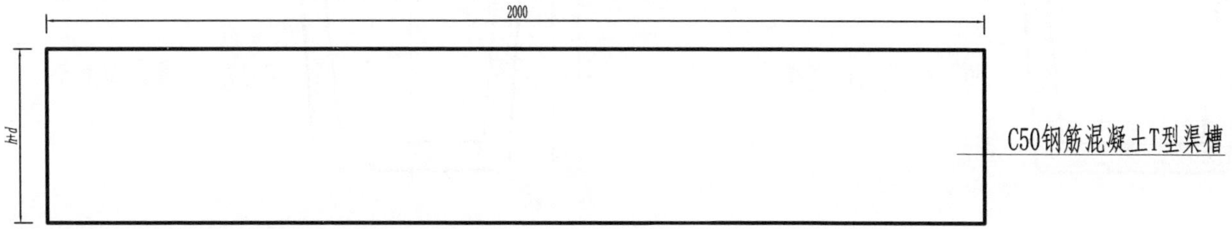

说明：

1.本图尺寸以mm计；

2.本图为渠道与承插墩分离装配式渠道设计图，主要材料采用C50混凝土，钢筋布置详见图QD-ZP-19；

3.接口处采用限位销对装配式渠道预制构件进行限位，同时采用GB胶带止水；

4.未尽事宜请参照相关标准执行。

装配式渠道典型设计图集			
图名	T型装配式渠槽典型设计图一	图号	QD-ZP-01

1-1剖视图

1∶10

2-2剖面图

1∶10

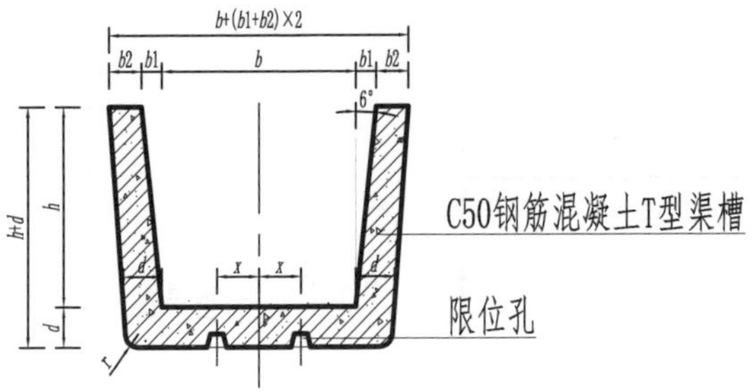

3-3剖面图

1∶10

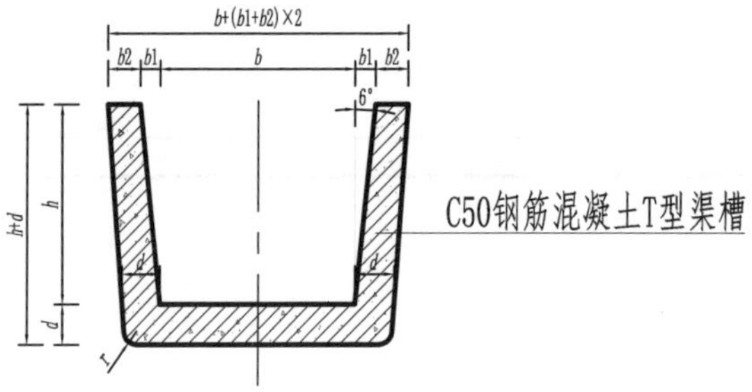

说明:

1. 本图尺寸以mm计;
2. 本图为渠道与承插墩分离装配式渠道设计图，主要材料采用C50混凝土，钢筋布置详见图QD-ZP-19;
3. 接口处采用限位销对装配式渠道预制构件进行限位，同时采用GB胶带止水;
4. 未尽事宜请参照相关标准执行。

装配式渠道典型设计图集			
图名	T型装配式渠槽典型设计图二	图号	QD-ZP-02

T型装配式渠槽搭接典型设计图

1∶10

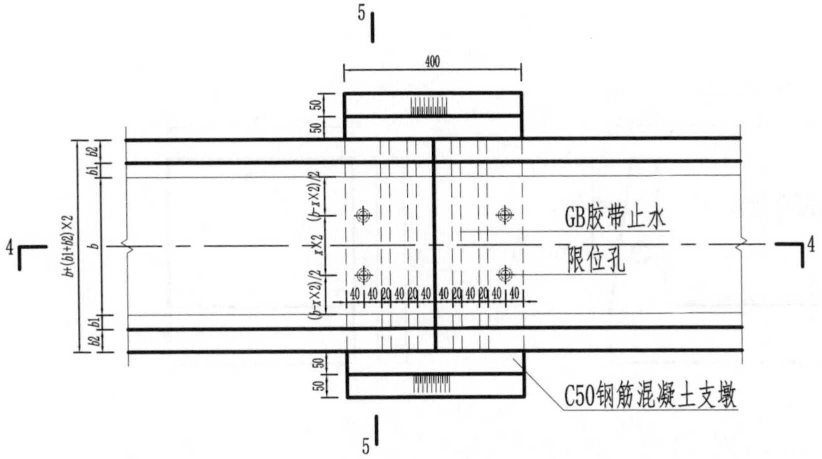

5-5剖面图

1∶10

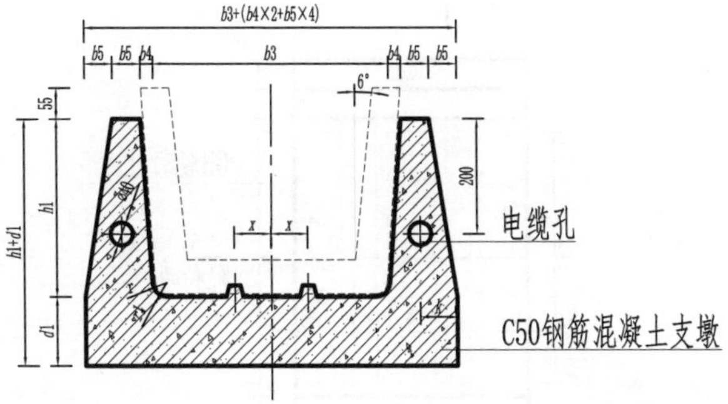

4-4剖视图

1∶10

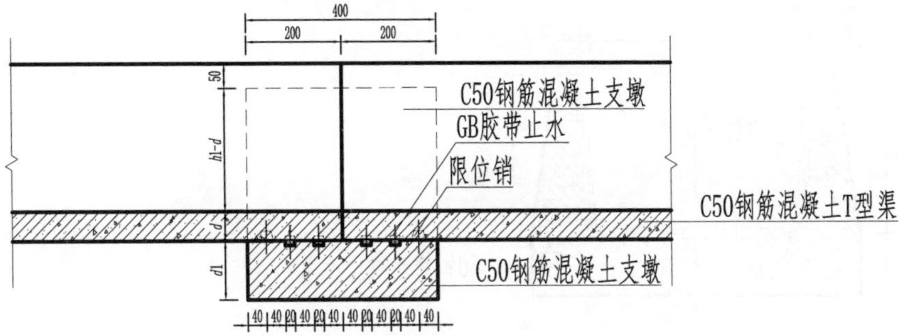

说明：

1. 本图尺寸以mm计；
2. 本图为渠道与承插墩分离装配式渠道设计图，主要材料采用C50混凝土，钢筋布置详见图QD-ZP-20；
3. 接口处采用限位销对装配式渠道预制构件进行限位，同时采用GB胶带止水；
4. 未尽事宜请参照相关标准执行。

装配式渠道典型设计图集			
图名	T 型装配式渠槽典型设计图三	图号	QD-ZP-03

T型装配式支墩典型设计俯视图

1:10

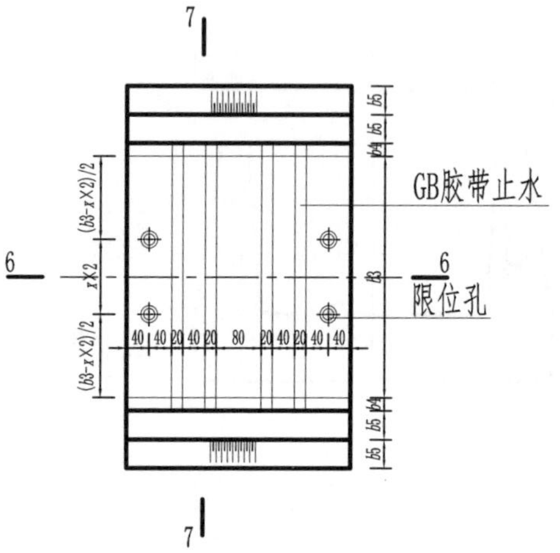

T型装配式支墩典型设计侧视图

1:10

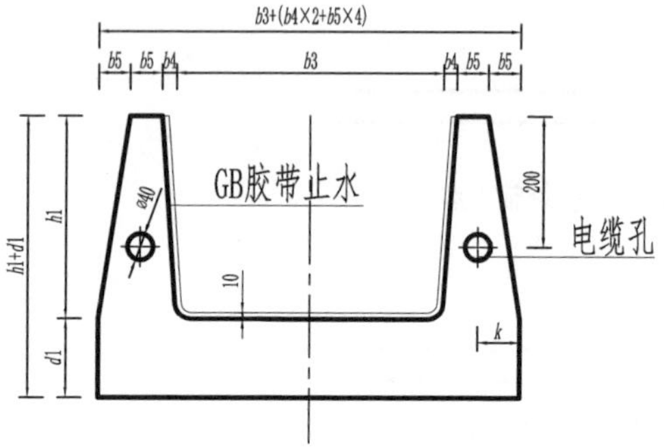

T型装配式支墩典型设计正视图

1:10

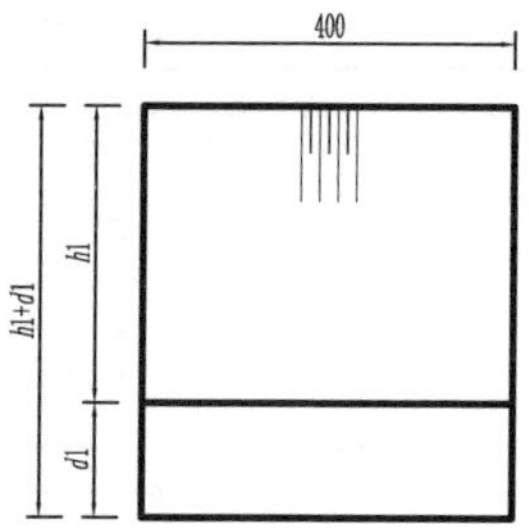

6-6剖面图

1:10

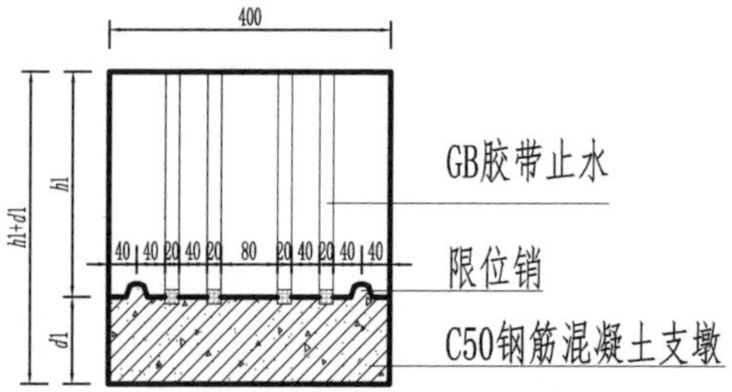

7-7剖面图

1:10

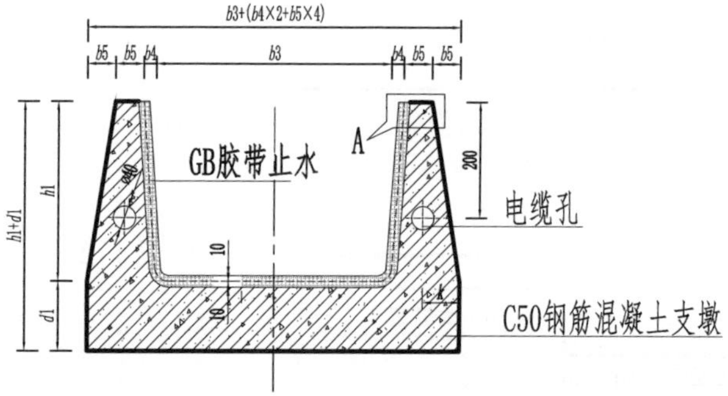

说明:

1.本图尺寸以mm计;
2.本图为渠道与承插墩分离装配式渠道设计图，主要材料采用C50混凝土，钢筋布置详见图QD-ZP-20;
3.接口处采用限位销对装配式渠道预制构件进行限位，同时采用GB胶带止水;
4.未尽事宜请参照相关标准执行。

装配式渠道典型设计图集			
图名	T型装配式渠槽典型设计图四	图号	QD-ZP-04

T型装配式渠槽工程特性表

参数 型号	b	$b1$	$b2$	$b3$	$b4$	$b5$	h	$h1$	d	$d1$	r	$r1$	x	k
T300型	300	32	50	421	22	60	300	310	60	120	20	25	65	71
T400型	400	42	50	531	28	60	400	415	65	120	20	25	80	75
T500型	500	53	50	640	34	60	500	520	70	120	30	35	90	77
T600型	600	63	50	739	45	60	600	620	70	120	30	35	140	79
T700型	700	74	50	849	51	60	700	725	75	150	30	35	190	80
T800型	800	84	50	959	56	60	800	830	80	150	40	45	240	81
T900型	900	95	50	1068	62	80	900	935	85	150	40	45	290	86
T1000型	1000	105	50	1178	68	80	1000	1040	90	150	50	55	340	87
T1100型	1100	116	50	1277	79	80	1100	1140	90	200	50	55	390	102
T1200型	1200	116	50	1376	89	80	1200	1240	90	200	60	65	440	102
T1300型	1300	137	50	1490	90	80	1300	1350	100	200	60	65	490	102
T1400型	1400	147	50	1595	101	80	1400	1450	100	200	65	70	540	103
T1500型	1500	158	50	1715	102	80	1500	1560	110	200	65	70	590	103

A详图

1∶2

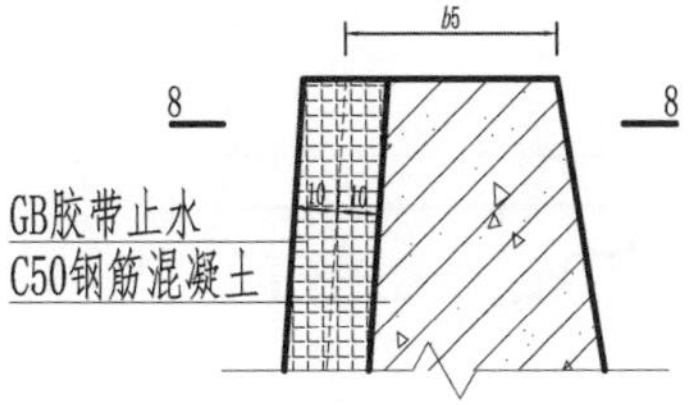

T型装配式渠槽工程量表

型号	单个支墩		单节渠槽				每米渠道用量		
	C50混凝土/m^3	重量/kg	C50混凝土/m^3	GB胶带长/m	GB胶带面积/m^2	重量/kg	C50混凝土/m^3	GB胶带长/m	GB胶带面积/m^2
T300型	0.053	133	0.116	4.170	0.834	291	0.085	2.085	0.417
T400型	0.068	171	0.161	5.452	1.090	402	0.115	2.726	0.545
T500型	0.084	211	0.210	6.729	1.346	524	0.147	3.364	0.673
T600型	0.101	253	0.248	7.929	1.586	619	0.174	3.965	0.793
T700型	0.131	328	0.303	9.210	1.842	756	0.217	4.605	0.921
T800型	0.150	375	0.362	10.491	2.098	904	0.256	5.246	1.049
T900型	0.194	485	0.425	11.768	2.354	1062	0.309	5.884	1.177
T1000型	0.217	541	0.492	13.050	2.610	1231	0.354	6.525	1.305
T1100型	0.273	683	0.538	14.250	2.850	1346	0.406	7.125	1.425
T1200型	0.300	751	0.584	15.450	3.090	1461	0.442	7.725	1.545
T1300型	0.325	812	0.690	16.784	3.357	1725	0.507	8.392	1.678
T1400型	0.354	886	0.740	18.008	3.602	1850	0.547	9.004	1.801
T1500型	0.380	949	0.858	19.367	3.873	2146	0.619	9.683	1.937

8-8剖面图

1∶10

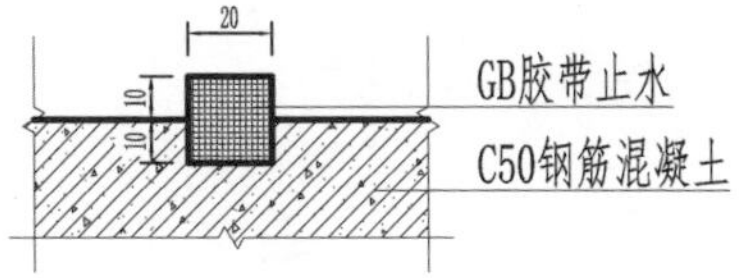

限位销详图

1∶2

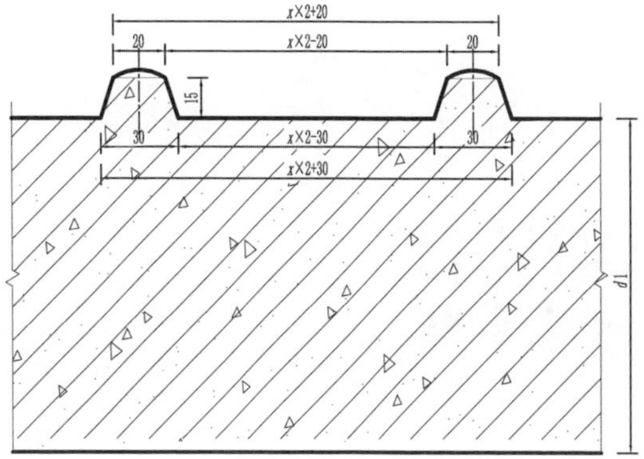

限位孔详图

1∶2

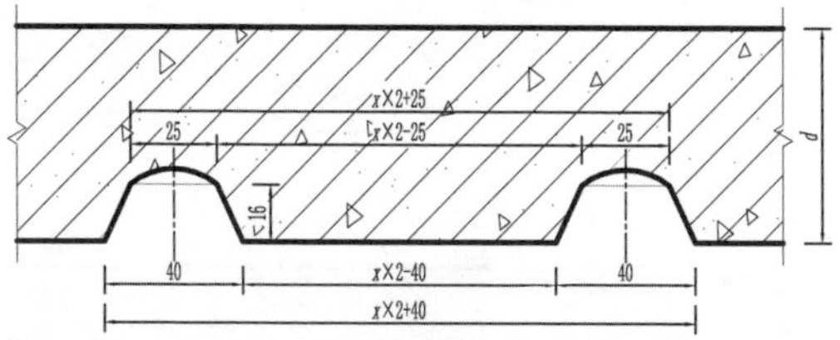

说明：

1. 本图尺寸以mm计；
2. 本图为渠道与承插墩分离装配式渠道设计图，主要材料采用C50混凝土，钢筋布置详见图QD-ZP-20；
3. 接口处采用限位销对装配式渠道预制构件进行限位，同时采用GB胶带止水；
4. 未尽事宜请参照相关标准执行。

装配式渠道典型设计图集			
图名	T型装配式渠槽典型设计图五	图号	QD-ZP-05

预制装配式T型渠盖板平面图

1∶10

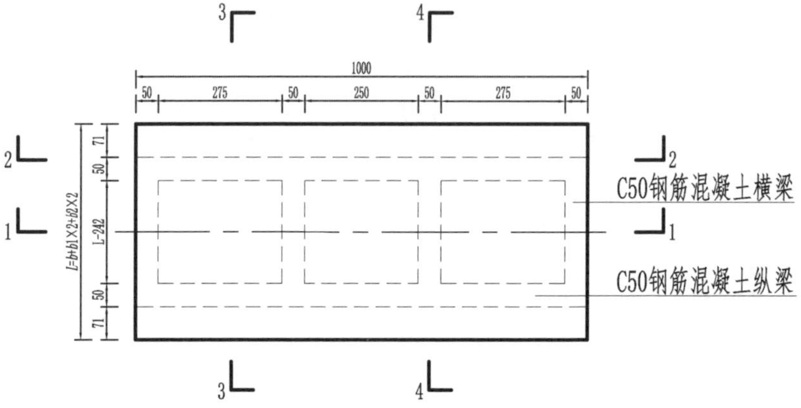

3-3剖视图

1∶10

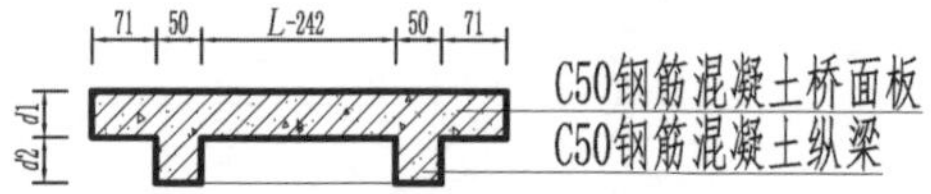

4-4剖视图

1∶10

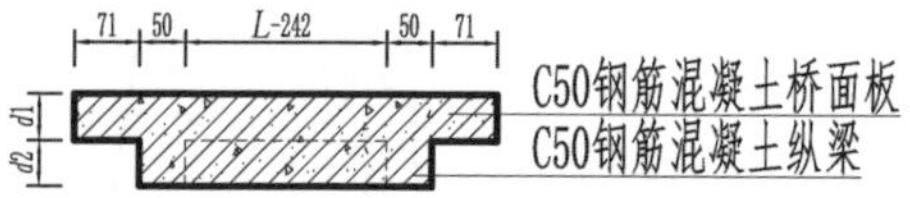

1-1剖视图

1∶10

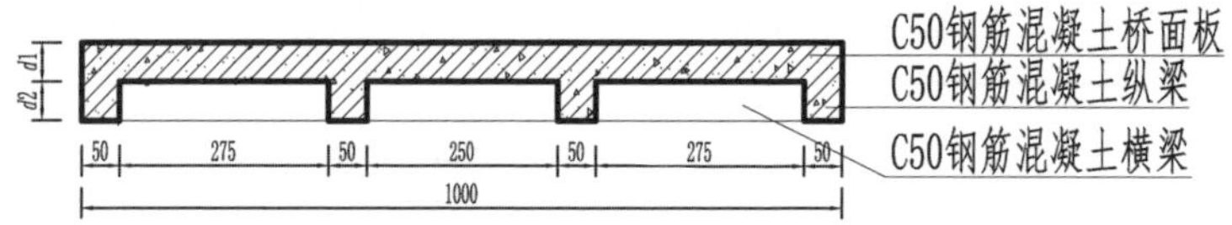

2-2剖视图

1∶10

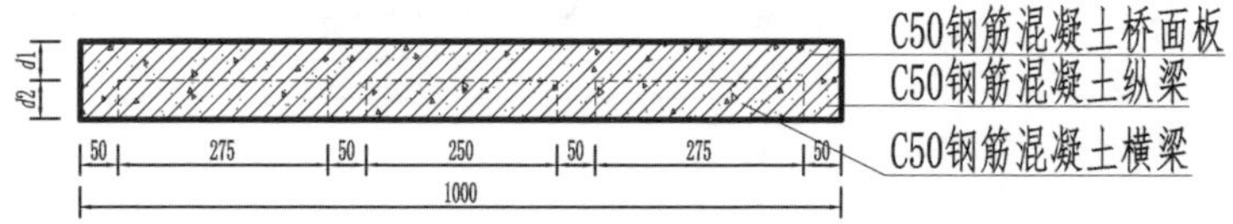

预制装配式T型渠盖板工程量及特性表

参数 型号	b/mm	b1/mm	b2/mm	d1/mm	d2/mm	f/mm	C50混凝土/m³
300型	300	32	50	50	50	5	0.03164
400型	400	42	50	50	50	5	0.03884
500型	500	53	50	50	50	5	0.04616
600型	600	63	50	50	50	5	0.05336
700型	700	74	50	50	50	5	0.06068
800型	800	84	50	50	50	5	0.06788
900型	900	95	50	50	50	5	0.0752
1000型	1000	105	50	80	70	7	0.12846
1100型	1100	116	50	80	70	7	0.139928
1200型	1200	116	50	80	70	7	0.149328
1300型	1300	137	50	80	70	7	0.162676
1400型	1400	147	50	80	70	7	0.173956
1500型	1500	158	50	80	70	7	0.185424

说明：

本图尺寸以mm计。

装配式渠道典型设计图集			
图名	预制装配式T型渠盖板典型设计图	图号	QD-ZP-06

T型接口装配式预制生物通道典型设计图

1∶10

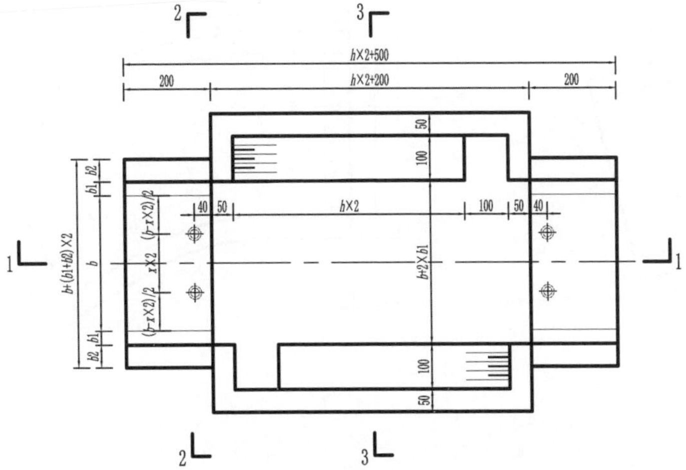

2-2剖视图

1∶10

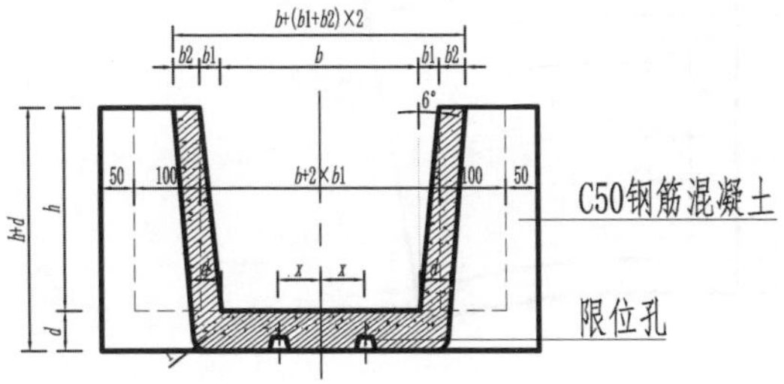

1-1剖视图

1∶10

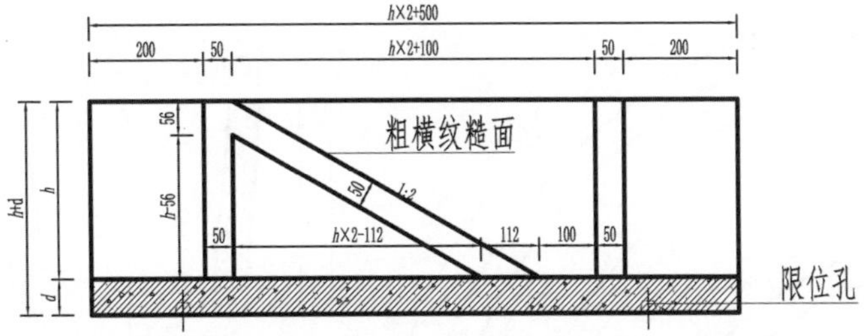

3-3剖视图

1∶10

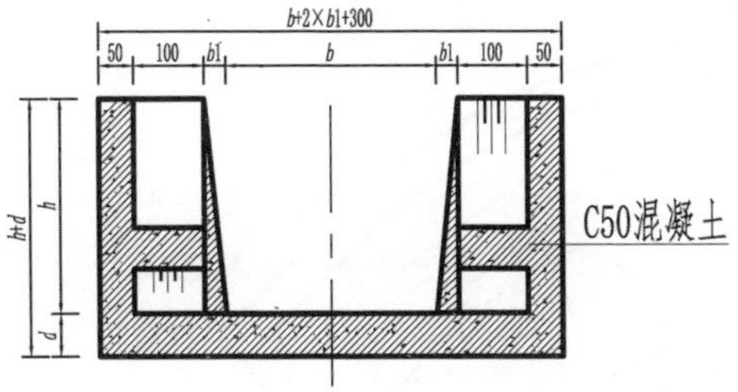

T型接口装配式生物通道工程量及特性表

参数 型号	b/mm	$b1$/mm	$b2$/mm	h/mm	d/mm	r/mm	x/mm	C50混凝土/m^3
300型	300	32	50	300	60	20	65	0.092
400型	400	42	50	400	65	20	80	0.141
500型	500	53	50	500	70	30	90	0.201
600型	600	63	50	600	70	30	140	0.263

说明：

本图尺寸以mm计。

装配式渠道典型设计图集			
图名	T型接口装配式生物通道典型设计图	图号	QD-ZP-07

10° 转弯
1∶10

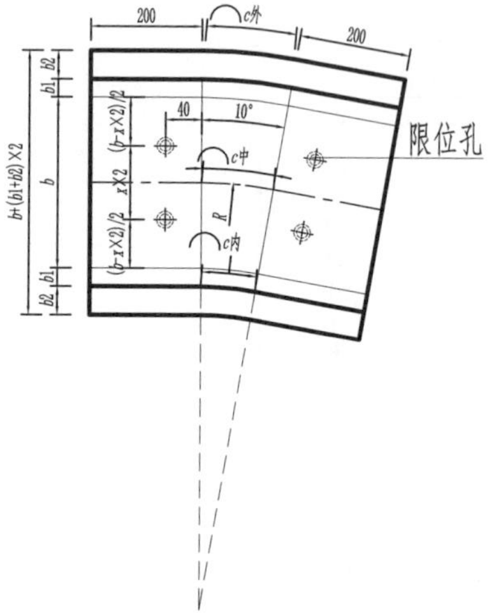

15° 转弯
1∶10

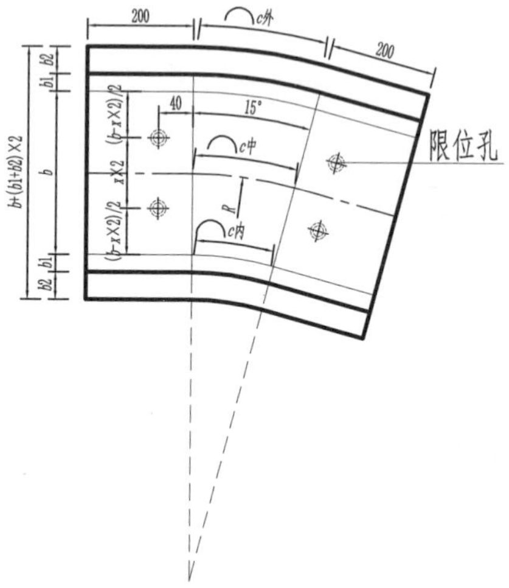

30° 转弯
1∶10

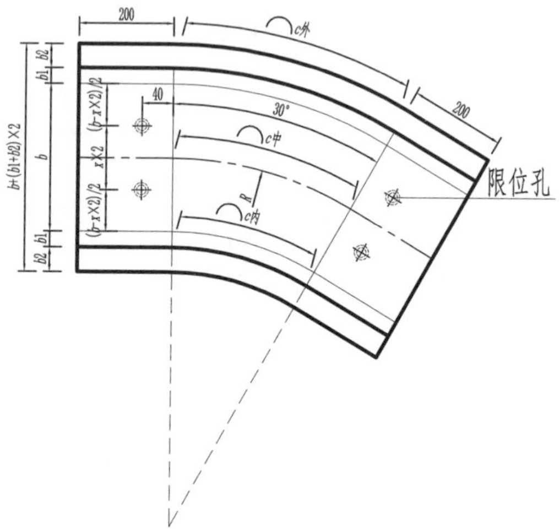

45° 转弯
1∶10

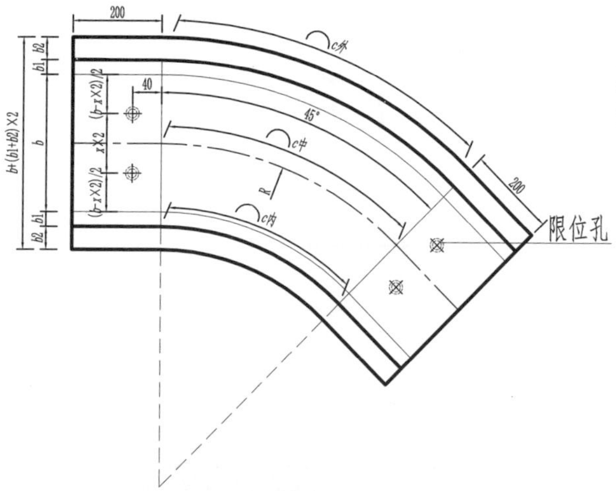

90° 转弯
1∶10

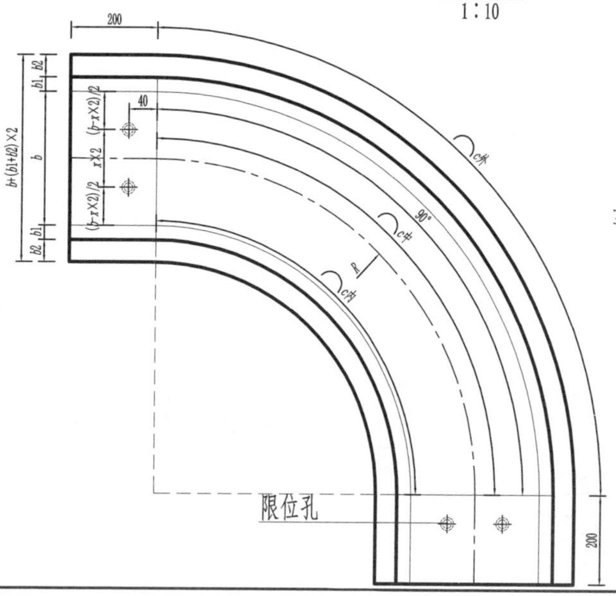

横剖面图
1∶10

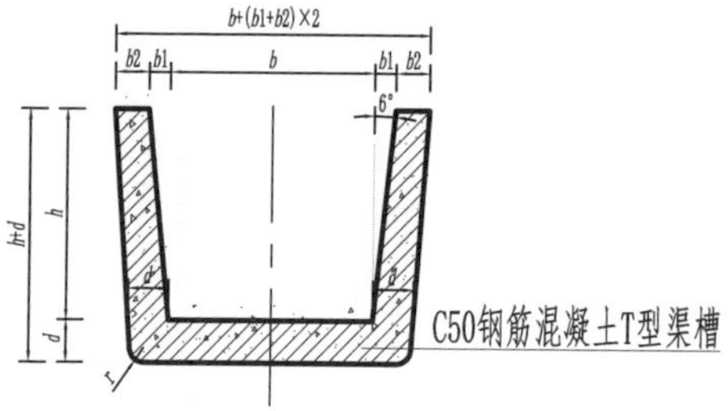

说明：
本图尺寸以mm计。

装配式渠道典型设计图集			
图名	T型接口预制装配式转弯设计图	图号	QD-ZP-08

T 型渠道转弯工程量及特性表

参数 型号	转弯角度 /（°）	b/mm	b1/mm	b2/mm	x/mm	R/mm	C 外/mm	C 内/mm	C 中/mm	C50 混凝土 /m^3
300 型	10	300	32	50	65	750	163	99	131	0.031
	15					750	244	149	196	0.035
	30					750	488	297	393	0.046
	45					750	732	446	589	0.058
	90					750	1463	892	1178	0.092
400 型	10	400	42	50	80	1000	217	132	174	0.046
	15					1000	325	198	262	0.053
	30					1000	650	397	523	0.074
	45					1000	975	595	785	0.095
	90					1000	1950	1190	1570	0.158
500 型	10	500	53	50	90	1250	271	165	218	0.065
	15					1250	406	248	327	0.076
	30					1250	813	496	654	0.110
	45					1250	1219	743	981	0.145
	90					750	1653	702	1178	0.165
600 型	10	600	63	50	140	1500	325	198	262	0.082
	15					1500	487	298	393	0.098
	30					1500	975	595	785	0.147
	45					1500	1462	893	1178	0.195
	90					900	1983	843	1413	0.224
700 型	10	700	74	50	190	1750	379	231	305	0.107
	15					1750	569	347	458	0.130
	30					1750	1138	694	916	0.199
	45					1750	1707	1041	1374	0.268
800 型	10	800	84	50	240	2000	433	264	349	0.135
	15					2000	650	397	523	0.167
	30					2000	1300	793	1047	0.262
	45					2000	1950	11902	1570	0.356
900 型	10	900	95	50	290	2250	488	297	393	0.168
	15					2250	731	446	589	0.210
	30					2250	1463	892	1178	0.335
	45					1800	1841	985	1413	0.385
1000 型	10	1000	105	50	340	2500	542	331	436	0.206
	15					2500	812	496	654	0.260
	30					2500	1625	992	1308	0.421
	45					1500	1652	703	1178	0.388
1100 型	10	1100	116	50	390	2750	596	364	480	0.237
	15					2750	894	545	720	0.301
	30					2750	1788	1091	1439	0.495
	45					1650	1818	772	1295	0.456
1200 型	10	1200	116	50	440	3000	648	398	523	0.270
	15					3000	972	598	785	0.346
	30					3000	1945	1195	1570	0.576
	45					1800	1975	851	1413	0.530
1300 型	10	1300	137	50	490	3250	704	430	567	0.334
	15					3250	1056	644	850	0.431
	30					2600	1773	949	1361	0.607
1400 型	10	1400	147	50	540	3500	758	463	611	0.374
	15					3500	1137	694	916	0.487
	30					2800	1909	1022	1465	0.690
1500 型	10	1500	158	50	590	3750	813	496	654	0.434
	15					3750	1219	744	981	0.569
	30					2250	1653	702	1178	0.650

装配式渠道典型设计图集			
图名	T 型渠道转弯特性表	图号	QD-ZP-09

T型接口装配式三通设计图

1∶10

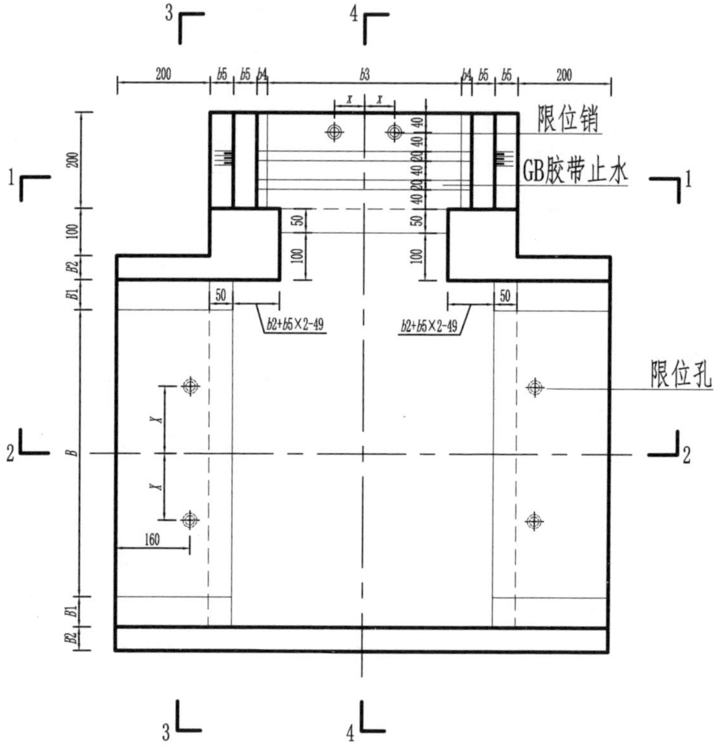

1-1剖视图

1∶10

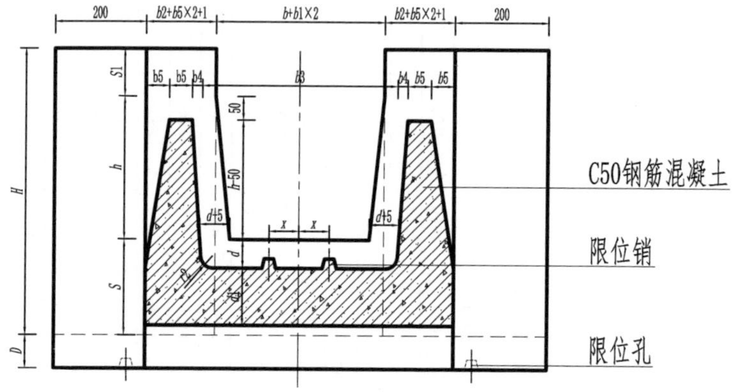

2-2剖视图

1∶10

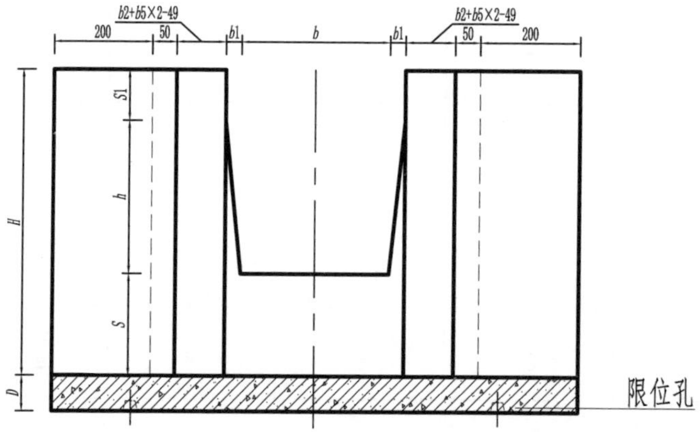

说明：

本图尺寸以mm计。

装配式渠道典型设计图集			
图名	T 型接口装配式三通典型设计图一	图号	QD-ZP-10

3-3剖视图

1∶10

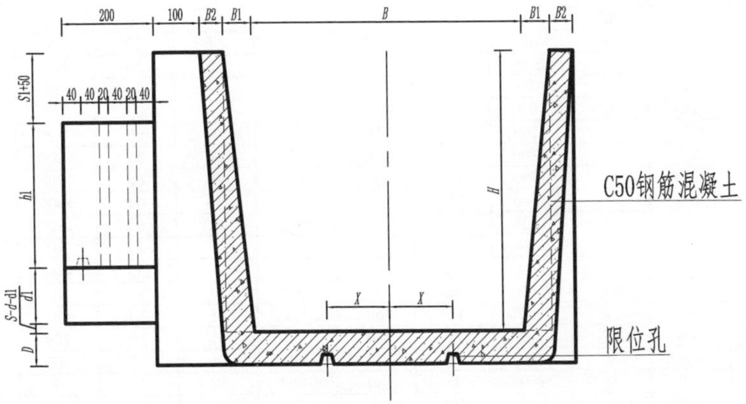

4-4剖视图

1∶10

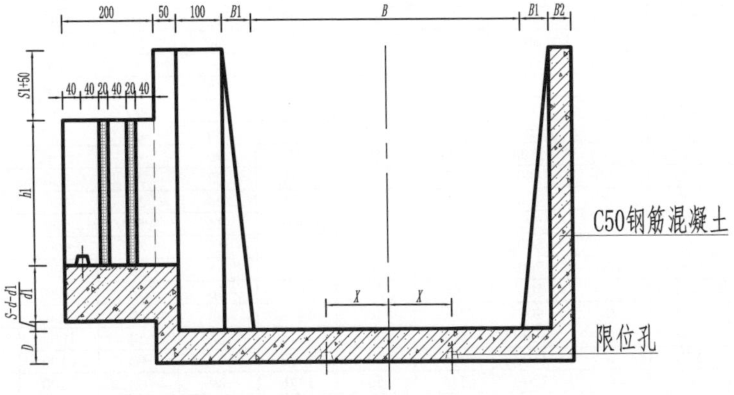

说明：

本图尺寸以mm计。

装配式渠道典型设计图集			
图名	T型接口装配式三通典型设计图二	图号	QD-ZP-11

T 型接口装配式三通工程量及特性表

型号 \ 参数	B/mm	B1/mm	B2/mm	H/mm	D/mm	X/mm	S/mm	S1/mm	b/mm	b1/mm	b2/mm	b3/mm	b4/mm	b5/mm	h/mm	h1/mm	d/mm	d1/mm	x/mm	C50 混凝土 /m^3
1500×300 型	1500	158	50	1500	105	590	600	600	300	32	50	421	22	50	300	310	60	120	65	0.4851
1500×400 型	1500	158	50	1500	105	590	600	500	400	42	50	531	28	50	400	415	65	120	80	0.5311
1500×500 型	1500	158	50	1500	105	590	600	400	500	53	50	640	34	50	500	520	70	120	90	0.5772
1500×600 型	1500	158	50	1500	105	590	600	300	600	63	50	739	45	50	600	620	70	120	140	0.6240
1500×700 型	1500	158	50	1500	105	590	600	200	700	74	50	849	51	50	700	725	75	150	190	0.6781
1500×800 型	1500	158	50	1500	105	590	600	100	800	84	50	959	56	50	800	830	80	150	240	0.7256
1500×900 型	1500	158	50	1500	105	590	600	0	900	95	50	1068	62	50	900	935	85	150	290	0.7739
1500×1000 型	1500	158	50	1500	105	590	500	0	1000	105	50	1178	68	50	1000	1040	90	150	340	0.8168
1500×1100 型	1500	158	50	1500	105	590	400	0	1100	116	50	1277	79	60	1100	1140	90	200	390	0.9047
1500×1200 型	1500	158	50	1500	105	590	300	0	1200	116	50	1376	89	60	1200	1240	90	200	440	0.9467
1500×1300 型	1500	158	50	1500	105	590	200	0	1300	137	50	1490	90	60	1300	1350	100	200	490	0.9870
1500×1400 型	1500	158	50	1500	105	590	100	0	1400	147	50	1595	101	60	1400	1450	100	200	540	1.0312
1500×1500 型	1500	158	50	1500	105	590	0	0	1500	158	50	1715	102	60	1500	1555	105	200	590	1.0703
1400×300 型	1400	147	50	1400	100	540	600	500	300	32	50	421	22	50	300	310	60	120	65	0.4425
1400×400 型	1400	147	50	1400	100	540	600	400	400	42	50	531	28	50	400	415	65	120	80	0.4852
1400×500 型	1400	147	50	1400	100	540	600	300	500	53	50	640	34	50	500	520	70	120	90	0.5280
1400×600 型	1400	147	50	1400	100	540	600	200	600	63	50	739	45	50	600	620	70	120	140	0.5715
1400×700 型	1400	147	50	1400	100	540	600	100	700	74	50	849	51	50	700	725	75	150	190	0.6223
1400×800 型	1400	147	50	1400	100	540	600	0	800	84	50	959	56	50	800	830	80	150	240	0.6664
1400×900 型	1400	147	50	1400	100	540	500	0	900	95	50	1068	62	50	900	935	85	150	290	0.7060
1400×1000 型	1400	147	50	1400	100	540	400	0	1000	105	50	1178	68	50	1000	1040	90	150	340	0.7449
1400×1100 型	1400	147	50	1400	100	5540	300	0	1100	116	50	1277	79	60	1100	1140	90	200	390	0.8273
1400×1200 型	1400	147	50	1400	100	540	200	0	1200	116	50	1376	89	60	1200	1240	90	200	440	0.8655
1400×1300 型	1400	147	50	1400	100	540	100	0	1300	137	50	1490	90	60	1300	1350	100	200	490	0.9019
1400×1400 型	1400	147	50	1400	100	540	0	0	1400	147	50	1595	101	60	1400	1450	100	200	540	0.9421
1300×300 型	1300	137	50	1300	100	490	500	500	300	32	50	421	22	50	300	310	60	120	65	0.4121
1300×400 型	1300	137	50	1300	100	490	500	400	400	42	50	531	28	50	400	415	65	120	80	0.4521
1300×500 型	1300	137	50	1300	100	490	500	300	500	53	50	640	34	50	500	520	70	120	90	0.4922
1300×600 型	1300	137	50	1300	100	490	500	200	600	63	50	739	45	50	600	620	70	120	140	0.5330
1300×700 型	1300	137	50	1300	100	490	500	100	700	74	50	849	51	50	700	725	75	150	190	0.5812
1300×800 型	1300	137	50	1300	100	490	500	0	800	84	50	959	56	50	800	830	80	150	240	0.6227
1300×900 型	1300	137	50	1300	100	490	400	0	900	95	50	1068	62	50	900	935	85	150	290	0.6596
1300×1000 型	1300	137	50	1300	100	490	300	0	1000	105	50	1178	68	50	1000	1040	90	150	340	0.6959
1300×1100 型	1300	137	50	1300	100	490	200	0	1100	116	50	1277	79	60	1100	1140	90	200	390	0.7743
1300×1200 型	1300	137	50	1300	100	490	100	0	1200	116	50	1376	89	60	1200	1240	90	200	440	0.8100
1300×1300 型	1300	137	50	1300	100	490	0	0	1300	137	50	1490	90	60	1300	1350	100	200	490	0.8437
1200×300 型	1200	116	50	1200	90	440	500	400	300	32	50	421	22	50	300	310	60	120	65	0.3589
1200×400 型	1200	116	50	1200	90	440	500	300	400	42	50	531	28	50	400	415	65	120	80	0.3946
1200×500 型	1200	116	50	1200	90	440	500	200	500	53	50	640	34	50	500	520	70	120	90	0.4304
1200×600 型	1200	116	50	1200	90	440	500	100	600	63	50	739	45	50	600	620	70	120	140	0.4670
1200×700 型	1200	116	50	1200	90	440	500	100	700	74	50	849	51	50	700	725	75	150	190	0.5107
1200×800 型	1200	116	50	1200	90	440	400	0	800	84	50	959	56	50	800	830	80	150	240	0.5432
1200×900 型	1200	116	50	1200	90	440	300	0	900	95	50	1068	62	50	900	935	85	150	290	0.5752
1200×1000 型	1200	116	50	1200	90	440	200	0	1000	105	50	1178	68	50	1000	1040	90	150	340	0.6065
1200×1100 型	1200	116	50	1200	90	440	100	0	1100	116	50	1277	79	60	1100	1140	90	200	390	0.6780
1200×1200 型	1200	116	50	1200	90	440	0	0	1200	116	50	1376	89	60	1200	1240	90	200	440	0.7089

装配式渠道典型设计图集			
图名	T 型接口装配式三通特性表一	图号	QD-ZP-12

续表

型号 \ 参数	B/mm	B1/mm	B2/mm	H/mm	D/mm	X/mm	S/mm	S1/mm	b/mm	b1/mm	b2/mm	b3/mm	b4/mm	b5/mm	h/mm	h1/mm	d/mm	d1/mm	x/mm	C50 混凝土/m^3
1100×300 型	1100	116	50	1100	90	390	400	400	300	32	50	421	22	50	300	310	60	120	65	0.3329
1100×400 型	1100	116	50	1100	90	390	400	300	400	42	50	531	28	50	400	415	65	120	80	0.3662
1100×500 型	1100	116	50	1100	90	390	400	200	500	53	50	640	34	50	500	520	70	120	90	0.3998
1100×600 型	1100	116	50	1100	90	390	400	100	600	63	50	739	45	50	600	620	70	120	140	0.4340
1100×700 型	1100	116	50	1100	90	390	400	0	700	74	50	849	51	50	700	725	75	150	190	0.4755
1100×800 型	1100	116	50	1100	90	390	300	0	800	84	50	959	56	50	800	830	80	150	240	0.5056
1100×900 型	1100	116	50	1100	90	390	200	0	900	95	50	1068	62	50	900	935	85	150	290	0.5353
1100×1000 型	1100	116	50	1100	90	390	100	0	1000	105	50	1178	68	50	1000	1040	90	150	340	0.5644
1100×1100 型	1100	116	50	1100	90	390	0	0	1100	116	50	1277	79	60	1100	1140	90	200	390	0.6324
1000×300 型	1000	105	50	1000	90	340	400	300	300	32	50	421	22	50	300	310	60	120	65	0.3063
1000×400 型	1000	105	50	1000	90	340	400	200	400	42	50	531	28	50	400	415	65	120	80	0.3377
1000×500 型	1000	105	50	1000	90	340	400	100	500	53	50	640	34	50	500	520	70	120	90	0.3693
1000×600 型	1000	105	50	1000	90	340	400	0	600	63	50	739	45	50	600	620	70	120	140	0.4016
1000×700 型	1000	105	50	1000	90	340	300	0	700	74	50	849	51	50	700	725	75	150	190	0.4369
1000×800 型	1000	105	50	1000	90	340	200	0	800	84	50	959	56	50	800	830	80	150	240	0.4645
1000×900 型	1000	105	50	1000	90	340	100	0	900	95	50	1068	62	50	900	935	85	150	290	0.4917
1000×1000 型	1000	105	50	1000	90	340	0	0	1000	105	50	1178	68	50	1000	1040	90	150	340	0.5181
900×300 型	900	95	50	900	85	290	300	300	300	32	50	421	22	50	300	310	60	120	65	0.2697
900×400 型	900	95	50	900	85	290	300	200	400	42	50	531	28	50	400	415	65	120	80	0.2978
900×500 型	900	95	50	900	85	290	300	100	500	53	50	640	34	50	500	520	70	120	90	0.3261
900×600 型	900	95	50	900	85	290	300	0	600	63	50	739	45	50	600	620	70	120	140	0.3551
900×700 型	900	95	50	900	85	290	200	0	700	74	50	849	51	50	700	725	75	150	190	0.3870
900×800 型	900	95	50	900	85	290	100	0	800	84	50	959	56	50	800	830	80	150	240	0.4114
900×900 型	900	95	50	900	85	290	0	0	900	95	50	1068	62	50	900	935	85	150	290	0.4353
800×300 型	800	84	50	800	80	240	300	200	300	32	50	421	22	50	300	310	60	120	65	0.2366
800×400 型	800	84	50	800	80	240	300	100	400	42	50	531	28	50	400	415	65	120	80	0.2621
800×500 型	800	84	50	800	80	240	300	0	500	53	50	640	34	50	500	520	70	120	90	0.2878
800×600 型	800	84	50	800	80	240	200	0	600	63	50	739	45	50	600	620	70	120	140	0.3106
800×700 型	800	84	50	800	80	240	100	0	700	74	50	849	51	50	700	725	75	150	190	0.3394
800×800 型	800	84	50	800	80	240	0	0	800	84	50	959	56	50	800	830	80	150	240	0.3606
700×300 型	700	74	50	700	75	190	200	200	300	32	50	421	22	50	300	310	60	120	65	0.2037
700×400 型	700	74	50	700	75	190	200	100	400	42	50	531	28	50	400	415	65	120	80	0.2261
700×500 型	700	74	50	700	75	190	200	0	500	53	50	640	34	50	500	520	70	120	90	0.2489
700×600 型	700	74	50	700	75	190	100	0	600	63	50	739	45	50	600	620	70	120	140	0.2687
700×700 型	700	74	50	700	75	190	0	0	700	74	50	849	51	50	700	725	75	150	190	0.2944
600×300 型	600	63	50	600	70	140	200	100	300	32	50	421	22	50	300	310	60	120	65	0.1743
600×400 型	600	63	50	600	70	140	200	0	400	42	50	531	28	50	400	415	65	120	80	0.1944
600×500 型	600	63	50	600	70	140	100	0	500	53	50	640	34	50	500	520	70	120	90	0.2119
600×600 型	600	63	50	600	70	140	0	0	600	63	50	739	45	50	600	620	70	120	140	0.2288
500×300 型	500	53	50	500	70	90	200	0	300	32	50	421	22	50	300	310	60	120	65	0.1521
500×400 型	500	53	50	500	70	90	100	0	400	42	50	531	28	50	400	415	65	120	80	0.1682
500×500 型	500	53	50	500	70	90	0	0	500	53	50	640	34	50	500	520	70	120	90	0.1834
400×300 型	400	42	50	400	65	80	100	0	300	32	50	421	22	50	300	310	60	120	65	0.1238
400×400 型	400	42	50	400	65	80	0	0	400	42	50	531	28	50	400	415	65	120	80	0.1372
300×300 型	300	32	50	300	60	65	0	0	300	32	50	421	22	50	300	310	60	120	65	0.0974

装配式渠道典型设计图集			
图名	T 型接口装配式三通特性表二	图号	QD-ZP-13

T型接口装配式四通设计图

1∶10

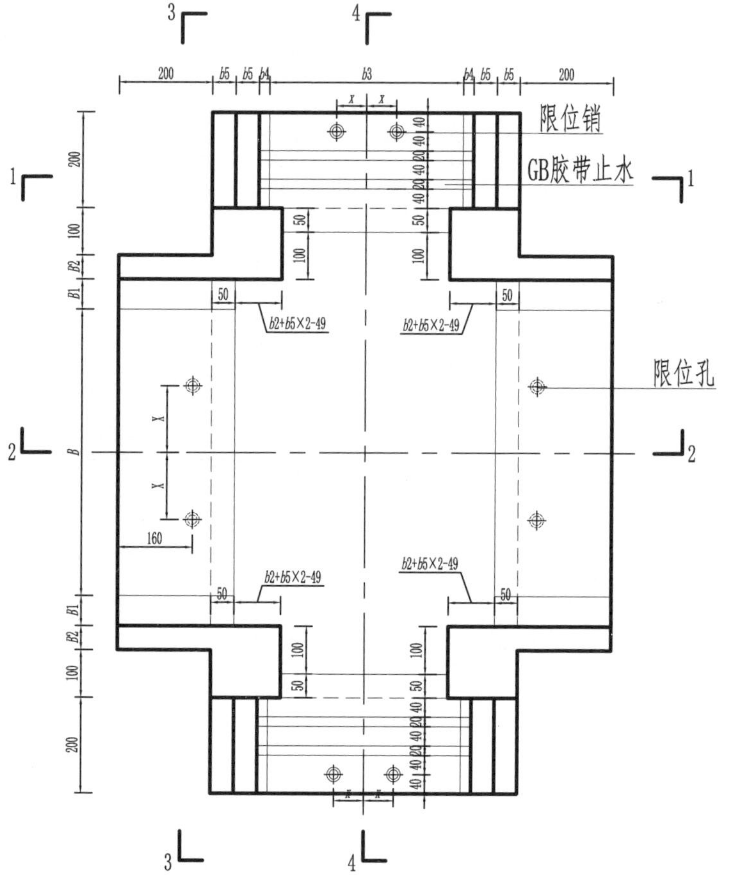

1-1剖视图

1∶10

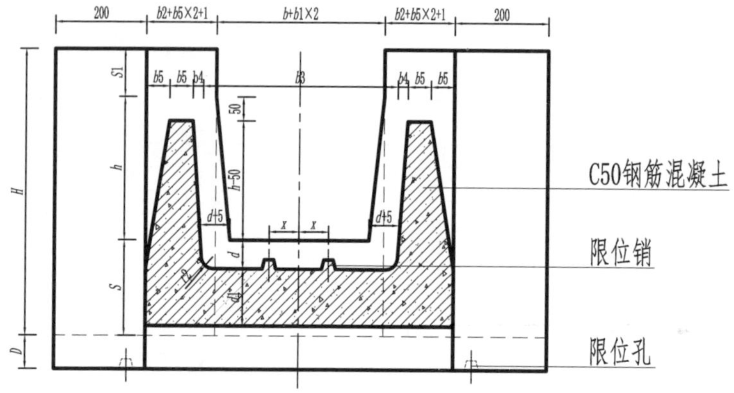

2-2剖视图

1∶10

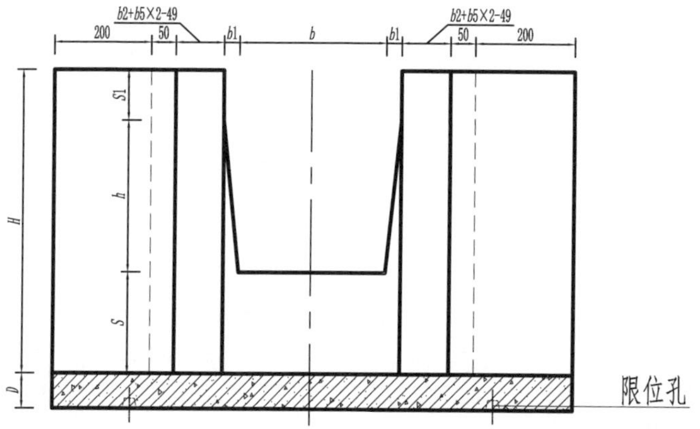

说明：

本图尺寸以mm计。

装配式渠道典型设计图集			
图名	T型接口装配式四通典型设计图一	图号	QD-ZP-14

3-3剖视图

1∶10

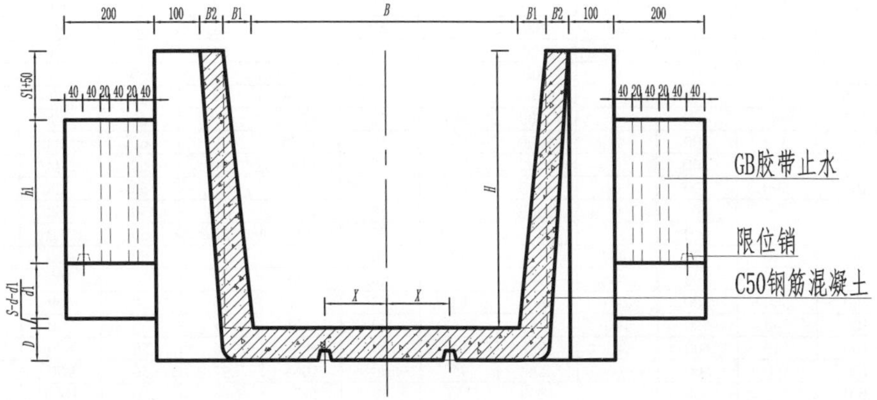

4-4剖视图

1∶10

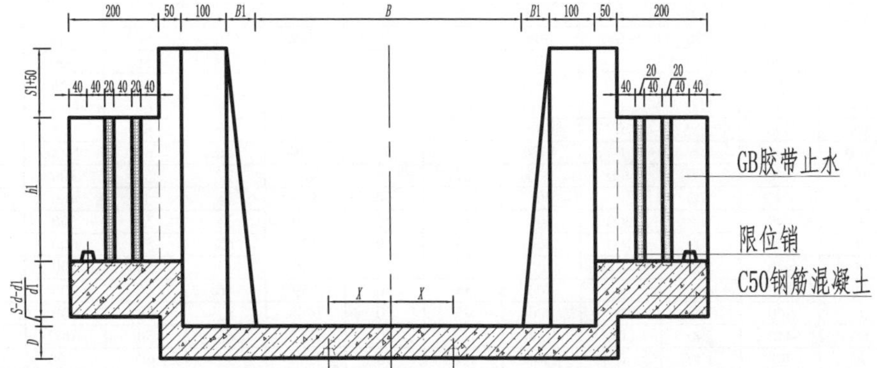

说明：

本图尺寸以mm计。

装配式渠道典型设计图集			
图名	T型接口装配式四通典型设计图二	图号	QD-ZP-15

T 型接口装配式四通工程量及特性表

参数 型号	B/mm	B1/mm	B2/mm	H/mm	D/mm	X/mm	S/mm	S1/mm	b/mm	b1/mm	b2/mm	b3/mm	b4/mm	b5/mm	h/mm	h1/mm	d/mm	d1/mm	x/mm	C50 混凝土/m^3
1500×300 型	1500	158	50	1500	105	590	600	600	300	32	50	421	22	50	300	310	60	120	65	0.5482
1500×400 型	1500	158	50	1500	105	590	600	500	400	42	50	531	28	50	400	415	65	120	80	0.5973
1500×500 型	1500	158	50	1500	105	590	600	400	500	53	50	640	34	50	500	520	70	120	90	0.6470
1500×600 型	1500	158	50	1500	105	590	600	300	600	63	50	739	45	50	600	620	70	120	140	0.6981
1500×700 型	1500	158	50	1500	105	590	600	200	700	74	50	849	51	50	700	725	75	150	190	0.7636
1500×800 型	1500	158	50	1500	105	590	600	100	800	84	50	959	56	50	800	830	80	150	240	0.8163
1500×900 型	1500	158	50	1500	105	590	600	0	900	95	50	1068	62	50	900	935	85	150	290	0.8705
1500×1000 型	1500	158	50	1500	105	590	500	0	1000	105	50	1178	68	50	1000	1040	90	150	340	0.9133
1500×1100 型	1500	158	50	1500	105	590	400	0	1100	116	50	1277	79	60	1100	1140	90	200	390	1.0327
1500×1200 型	1500	158	50	1500	105	590	300	0	1200	116	50	1376	89	60	1200	1240	90	200	440	1.0748
1500×1300 型	1500	158	50	1500	105	590	200	0	1300	137	50	1490	90	60	1300	1350	100	200	490	1.1147
1500×1400 型	1500	158	50	1500	105	590	100	0	1400	147	50	1595	101	60	1400	1450	100	200	540	1.1585
1500×1500 型	1500	158	50	1500	105	590	0	0	1500	158	50	1715	102	60	1500	1555	105	200	590	1.1939
1400×300 型	1400	147	50	1400	100	540	600	500	300	32	50	421	22	50	300	310	60	120	65	0.5041
1400×400 型	1400	147	50	1400	100	540	600	400	400	42	50	531	28	50	400	415	65	120	80	0.5504
1400×500 型	1400	147	50	1400	100	540	600	300	500	53	50	640	34	50	500	520	70	120	90	0.5973
1400×600 型	1400	147	50	1400	100	540	600	200	600	63	50	739	45	50	600	620	70	120	140	0.6457
1400×700 型	1400	147	50	1400	100	540	600	100	700	74	50	849	51	50	700	725	75	150	190	0.7083
1400×800 型	1400	147	50	1400	100	540	600	0	800	84	50	959	56	50	800	830	80	150	240	0.7583
1400×900 型	1400	147	50	1400	100	540	500	0	900	95	50	1068	62	50	900	935	85	150	290	0.7988
1400×1000 型	1400	147	50	1400	100	540	400	0	1000	105	50	1178	68	50	1000	1040	90	150	340	0.8377
1400×1100 型	1400	147	50	1400	100	5540	300	0	1100	116	50	1277	79	60	1100	1140	90	200	390	0.9510
1400×1200 型	1400	147	50	1400	100	540	200	0	1200	116	50	1376	89	60	1200	1240	90	200	440	0.9894
1400×1300 型	1400	147	50	1400	100	540	100	0	1300	137	50	1490	90	60	1300	1350	100	200	490	1.0252
1400×1400 型	1400	147	50	1400	100	540	0	0	1400	147	50	1595	101	60	1400	1450	100	200	540	1.0649
1300×300 型	1300	137	50	1300	100	490	500	500	300	32	50	421	22	50	300	310	60	120	65	0.4706
1300×400 型	1300	137	50	1300	100	490	500	400	400	42	50	531	28	50	400	415	65	120	80	0.5143
1300×500 型	1300	137	50	1300	100	490	500	300	500	53	50	640	34	50	500	520	70	120	90	0.5586
1300×600 型	1300	137	50	1300	100	490	500	200	600	63	50	739	45	50	600	620	70	120	140	0.6043
1300×700 型	1300	137	50	1300	100	490	500	100	700	74	50	849	51	50	700	725	75	150	190	0.6642
1300×800 型	1300	137	50	1300	100	490	500	0	800	84	50	959	56	50	800	830	80	150	240	0.7115
1300×900 型	1300	137	50	1300	100	490	400	0	900	95	50	1068	62	50	900	935	85	150	290	0.7494
1300×1000 型	1300	137	50	1300	100	490	300	0	1000	105	50	1178	68	50	1000	1040	90	150	340	0.7856
1300×1100 型	1300	137	50	1300	100	490	200	0	1100	116	50	1277	79	60	1100	1140	90	200	390	0.8946
1300×1200 型	1300	137	50	1300	100	490	100	0	1200	116	50	1376	89	60	1200	1240	90	200	440	0.9306
1300×1300 型	1300	137	50	1300	100	490	0	0	1300	137	50	1490	90	60	1300	1350	100	200	490	0.9635
1200×300 型	1200	116	50	1200	90	440	500	400	300	32	50	421	22	50	300	310	60	120	65	0.4156
1200×400 型	1200	116	50	1200	90	440	500	300	400	42	50	531	28	50	400	415	65	120	80	0.4554
1200×500 型	1200	116	50	1200	90	440	500	200	500	53	50	640	34	50	500	520	70	120	90	0.4959
1200×600 型	1200	116	50	1200	90	440	500	100	600	63	50	739	45	50	600	620	70	120	140	0.5378
1200×700 型	1200	116	50	1200	90	440	500	0	700	74	50	849	51	50	700	725	75	150	190	0.5939
1200×800 型	1200	116	50	1200	90	440	400	0	800	84	50	959	56	50	800	830	80	150	240	0.6277
1200×900 型	1200	116	50	1200	90	440	300	0	900	95	50	1068	62	50	900	935	85	150	290	0.6606
1200×1000 型	1200	116	50	1200	90	440	200	0	1000	105	50	1178	68	50	1000	1040	90	150	340	0.6918
1200×1100 型	1200	116	50	1200	90	440	100	0	1100	116	50	1277	79	60	1100	1140	90	200	390	0.7932
1200×1200 型	1200	116	50	1200	90	440	0	0	1200	116	50	1376	89	60	1200	1240	90	200	440	0.8244

装配式渠道典型设计图集			
图名	T 型接口装配式四通特性表一	图号	QD-ZP-16

续表

型号 \ 参数	B/mm	B1/mm	B2/mm	H/mm	D/mm	X/mm	S/mm	S1/mm	b/mm	b1/mm	b2/mm	b3/mm	b4/mm	b5/mm	h/mm	h1/mm	d/mm	d1/mm	x/mm	C50 混凝土 /m^3
1100×300 型	1100	116	50	1100	90	390	400	400	300	32	50	421	22	50	300	310	60	120	65	0.3865
1100×400 型	1100	116	50	1100	90	390	400	300	400	42	50	531	28	50	400	415	65	120	80	0.4241
1100×500 型	1100	116	50	1100	90	390	400	200	500	53	50	640	34	50	500	520	70	120	90	0.4622
1100×600 型	1100	116	50	1100	90	390	400	100	600	63	50	739	45	50	600	620	70	120	140	0.5018
1100×700 型	1100	116	50	1100	90	390	400	0	700	74	50	849	51	50	700	725	75	150	190	0.5556
1100×800 型	1100	116	50	1100	90	390	300	0	800	84	50	959	56	50	800	830	80	150	240	0.5872
1100×900 型	1100	116	50	1100	90	390	200	0	900	95	50	1068	62	50	900	935	85	150	290	0.6177
1100×1000 型	1100	116	50	1100	90	390	100	0	1000	105	50	1178	68	50	1000	1040	90	150	340	0.6466
1100×1100 型	1100	116	50	1100	90	390	0	0	1100	116	50	1277	79	60	1100	1140	90	200	390	0.7442
1000×300 型	1000	105	50	1000	90	340	400	300	300	32	50	421	22	50	300	310	60	120	65	0.3587
1000×400 型	1000	105	50	1000	90	340	400	200	400	42	50	531	28	50	400	415	65	120	80	0.3949
1000×500 型	1000	105	50	1000	90	340	400	100	500	53	50	640	34	50	500	520	70	120	90	0.4317
1000×600 型	1000	105	50	1000	90	340	400	0	600	63	50	739	45	50	600	620	70	120	140	0.4700
1000×700 型	1000	105	50	1000	90	340	300	0	700	74	50	849	51	50	700	725	75	150	190	0.5140
1000×800 型	1000	105	50	1000	90	340	200	0	800	84	50	959	56	50	800	830	80	150	240	0.5430
1000×900 型	1000	105	50	1000	90	340	100	0	900	95	50	1068	62	50	900	935	85	150	290	0.5710
1000×1000 型	1000	105	50	1000	90	340	0	0	1000	105	50	1178	68	50	1000	1040	90	150	340	0.5974
900×300 型	900	95	50	900	85	290	300	300	300	32	50	421	22	50	300	310	60	120	65	0.3188
900×400 型	900	95	50	900	85	290	300	200	400	42	50	531	28	50	400	415	65	120	80	0.3516
900×500 型	900	95	50	900	85	290	300	100	500	53	50	640	34	50	500	520	70	120	90	0.3580
900×600 型	900	95	50	900	85	290	300	0	600	63	50	739	45	50	600	620	70	120	140	0.4200
900×700 型	900	95	50	900	85	290	200	0	700	74	50	849	51	50	700	725	75	150	190	0.4606
900×800 型	900	95	50	900	85	290	100	0	800	84	50	959	56	50	800	830	80	150	240	0.4863
900×900 型	900	95	50	900	85	290	0	0	900	95	50	1068	62	50	900	935	85	150	290	0.5109
800×300 型	800	84	50	800	80	240	300	200	300	32	50	421	22	50	300	310	60	120	65	0.2841
800×400 型	800	84	50	800	80	240	300	100	400	42	50	531	28	50	400	415	65	120	80	0.3149
800×500 型	800	84	50	800	80	240	300	0	500	53	50	640	34	50	500	520	70	120	90	0.3463
800×600 型	800	84	50	800	80	240	200	0	600	63	50	739	45	50	600	620	70	120	140	0.3720
800×700 型	800	84	50	800	80	240	100	0	700	74	50	849	51	50	700	725	75	150	190	0.4093
800×800 型	800	84	50	800	80	240	0	0	800	84	50	959	56	50	800	830	80	150	240	0.4318
700×300 型	700	74	50	700	75	190	200	200	300	32	50	421	22	50	300	310	60	120	65	0.2478
700×400 型	700	74	50	700	75	190	200	100	400	42	50	531	28	50	400	415	65	120	80	0.2755
700×500 型	700	74	50	700	75	190	200	0	500	53	50	640	34	50	500	520	70	120	90	0.3039
700×600 型	700	74	50	700	75	190	100	0	600	63	50	739	45	50	600	620	70	120	140	0.3265
700×700 型	700	74	50	700	75	190	0	0	700	74	50	849	51	50	700	725	75	150	190	0.3607
600×300 型	600	63	50	600	70	140	200	100	300	32	50	421	22	50	300	310	60	120	65	0.2169
600×400 型	600	63	50	600	70	140	200	0	400	42	50	531	28	50	400	415	65	120	80	0.2429
600×500 型	600	63	50	600	70	140	100	0	500	53	50	640	34	50	500	520	70	120	90	0.2634
600×600 型	600	63	50	600	70	140	0	0	600	63	50	739	45	50	600	620	70	120	140	0.2831
500×300 型	500	53	50	500	70	90	200	0	300	32	50	421	22	50	300	310	60	120	65	0.1935
500×400 型	500	53	50	500	70	90	100	0	400	42	50	531	28	50	400	415	65	120	80	0.2136
500×500 型	500	53	50	500	70	90	0	0	500	53	50	640	34	50	500	520	70	120	90	0.2320
400×300 型	400	42	50	400	65	80	100	0	300	32	50	421	22	50	300	310	60	120	65	0.1618
400×400 型	400	42	50	400	65	80	0	0	400	42	50	531	28	50	400	415	65	120	80	0.1792
300×300 型	300	32	50	300	60	65	0	0	300	32	50	421	22	50	300	310	60	120	65	0.1321

装配式渠道典型设计图集			
图名	T 型接口装配式四通特性表二	图号	QD-ZP-17

T型渠槽侧向分水口设计图

1∶10

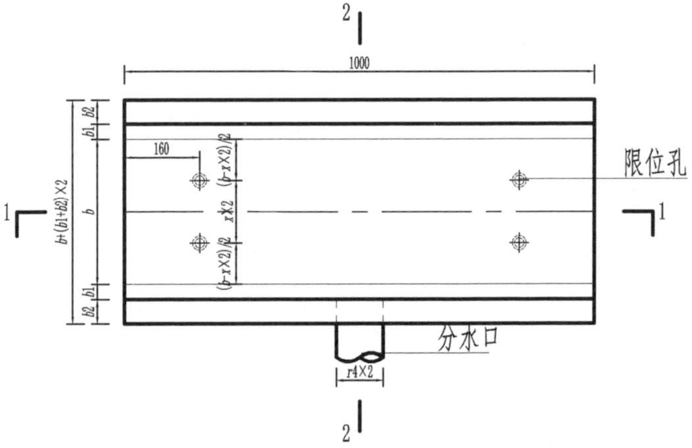

1-1剖视图

1∶10

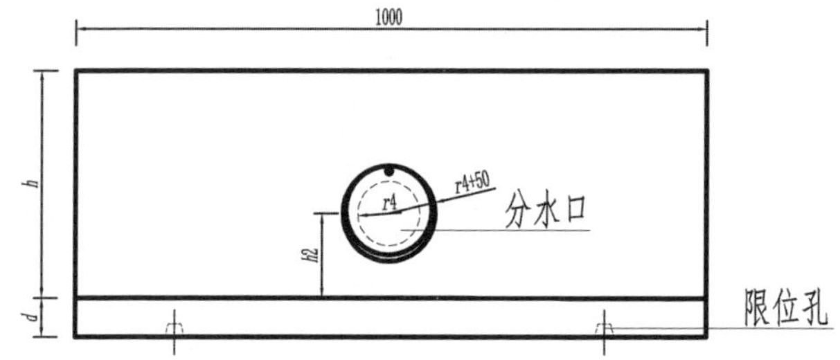

2-2剖视图

1∶10

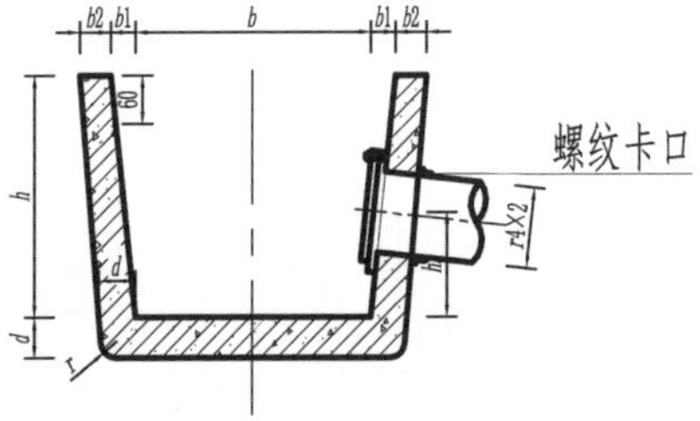

T型渠槽侧向分水口工程量及特性表

参数 型号	b/mm	b1/mm	b2/mm	h/mm	d/mm	r/mm	x/mm	r4/mm	h2/mm	C50混凝土/m³
300型	300	32	50	300	60	20	65	100	150	0.053
400型	400	42	50	400	65	20	80	100	150	0.077
500型	500	53	50	500	70	30	90	100	150	0.106
600型	600	63	50	600	70	30	140	100	150	0.132
700型	700	74	50	700	75	30	190	200	200	0.168
800型	800	84	50	800	80	40	240	200	200	0.208
900型	900	95	50	900	85	40	290	200	200	0.253
1000型	1000	105	50	1000	90	50	340	200	200	0.301
1100型	1100	116	50	1100	90	50	390	300	250	0.342
1200型	1200	116	50	1200	90	60	440	300	250	0.371
1300型	1300	137	50	1300	100	60	490	300	250	0.458
1400型	1400	147	50	1400	100	65	540	300	250	0.506
1500型	1500	158	50	1500	105	65	590	300	250	0.574

说明：

本图尺寸以mm计。

装配式渠道典型设计图集			
图名	T型渠槽侧向分水口典型设计图	图号	QD-ZP-18

T型装配式渠槽典型横断面配筋图

1∶5

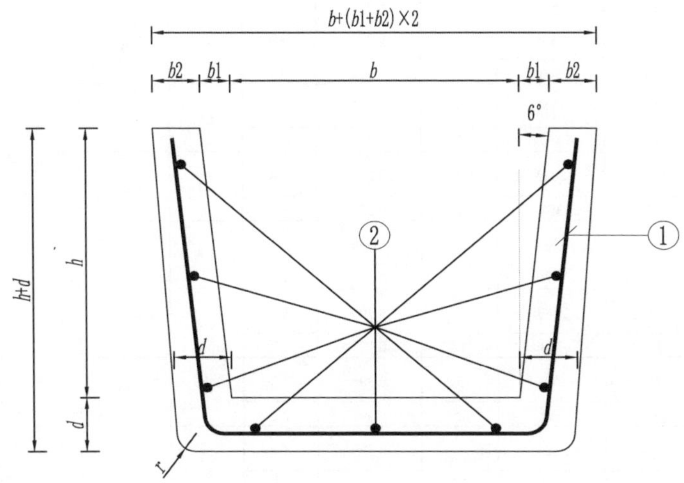

说明：

1. 本图尺寸以mm计；
2. 渠槽混凝土等级为C50；
3. 钢筋采用HRB335（Φ）级热轧钢筋；
4. 混凝土保护层厚度取2cm；
5. 钢筋制作施工严格按《钢筋混凝土结构设计及施工规范》（GB 98—2001）的要求，钢筋锚固长度不小于40*d*，受拉钢筋绑扎搭接长度不小于48*d*，受压钢筋绑扎搭接长度不小于34*d*，焊接搭接双面焊不小于5*d*，单面焊不小于10*d*；
6. 钢筋表材料均未计损耗；
7. 未尽事宜请参照相关标准执行。

单节（长2m）T型装配式渠槽工程量及钢筋表

型号	编号	形状	规格	钢筋长度/mm	钢筋根数	钢筋单重/(kg/m)	钢筋共重/kg	钢筋总重/kg	C50混凝土/m³	GB胶带长度/m	GB胶带面积/m²
T300型	①	332 96° 352 332	Φ6@250	1016	8	0.222	1.8	4.4	0.116	2.085	0.417
	②	1960	Φ6@250	1960	6	0.222	2.6				
T400型	①	437 96° 451 437	Φ6@250	1326	8	0.222	2.4	5.0	0.161	2.726	0.545
	②	1960	Φ6@250	1960	6	0.222	2.6				
T500型	①	543 96° 550 543	Φ6@250	1636	8	0.222	2.9	6.8	0.210	3.364	0.673
	②	1960	Φ6@250	1960	9	0.222	3.9				
T600型	①	644 96° 650 644	Φ6@250	1937	8	0.222	3.4	7.4	0.248	3.965	0.793
	②	1960	Φ6@250	1960	9	0.222	3.9				
T700型	①	749 96° 749 749	Φ8@250	2247	8	0.395	7.1	16.4	0.303	4.605	0.921
	②	1960	Φ8@250	1960	12	0.395	9.3				
T800型	①	855 96° 848 855	Φ8@250	2557	8	0.395	8.1	17.4	0.362	5.246	1.049
	②	1960	Φ8@250	1960	12	0.395	9.3				
T900型	①	960 96° 947 960	Φ8@250	2867	8	0.395	9.1	20.7	0.425	5.884	1.177
	②	1960	Φ8@250	1960	15	0.395	11.6				
T1000型	①	1066 96° 1046 1066	Φ8@250	3177	8	0.395	10.0	21.7	0.492	6.525	1.305
	②	1960	Φ8@250	1960	15	0.395	11.6				
T1100型	①	1166 96° 1146 1166	Φ8@200	3479	10	0.395	13.7	27.7	0.538	7.125	1.425
	②	1960	Φ8@200	1960	18	0.395	13.9				
T1200型	①	1267 96° 1246 1267	Φ8@200	3780	10	0.395	14.9	28.9	0.584	7.725	1.545
	②	1960	Φ8@200	1960	18	0.395	13.9				
T1300型	①	1378 96° 1344 1378	Φ8@200	4099	10	0.395	16.2	32.4	0.690	8.392	1.678
	②	1960	Φ8@200	1960	21	0.395	16.3				
T1400型	①	1478 96° 1444 1478	Φ8@200	4400	10	0.395	17.4	33.6	0.740	9.004	1.801
	②	1960	Φ8@200	1960	21	0.395	16.3				
T1500型	①	1589 96° 1541 1589	Φ8@200	4719	10	0.395	18.6	37.2	0.858	9.683	1.937
	②	1960	Φ8@200	1960	24	0.395	18.6				

装配式渠道典型设计图集			
图名	T型装配式渠槽配筋图	图号	QD-ZP-19

T型装配式支墩典型横断面配筋图

1∶5

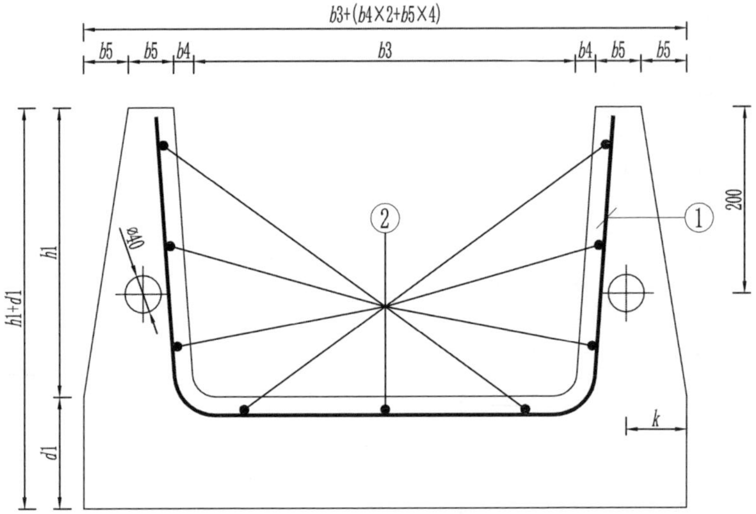

单个T型装配式支墩工程量及钢筋表

型号	编号	形状	规格	钢筋长度/mm	钢筋根数	钢筋单重/(kg/m)	钢筋共重/kg	钢筋总重/kg	C50混凝土/m³
T300型	①	321 / 461 / 321 (94°)	Φ6	1103	3	0.222	0.7	1.2	0.048
	②	360	Φ6	360	6	0.222	0.5		
T400型	①	426 / 571 / 426 (94°)	Φ6	1423	3	0.222	0.9	1.4	0.063
	②	360	Φ6	360	6	0.222	0.5		
T500型	①	531 / 680 / 531 (94°)	Φ6	1743	3	0.222	1.2	1.9	0.077
	②	360	Φ6	360	9	0.222	0.7		
T600型	①	632 / 779 / 632 (94°)	Φ6	2042	3	0.222	1.4	2.1	0.093
	②	360	Φ6	360	9	0.222	0.7		
T700型	①	737 / 889 / 737 (94°)	Φ8	2363	3	0.395	2.8	4.5	0.121
	②	360	Φ8	360	12	0.395	1.7		
T800型	①	842 / 999 / 842 (94°)	Φ8	2683	3	0.395	3.2	4.9	0.139
	②	360	Φ8	360	12	0.395	1.7		
T900型	①	947 / 1108 / 947 (94°)	Φ8	3003	3	0.395	3.6	5.7	0.157
	②	360	Φ8	360	15	0.395	2.1		
T1000型	①	1053 / 1218 / 1053 (94°)	Φ8	3323	3	0.395	3.9	6.1	0.176
	②	360	Φ8	360	15	0.395	2.1		
T1100型	①	1153 / 1317 / 1153 (94°)	Φ8	3623	3	0.395	4.3	6.9	0.243
	②	360	Φ8	360	18	0.395	2.6		
T1200型	①	1253 / 1416 / 1253 (94°)	Φ8	3922	3	0.395	4.6	7.2	0.267
	②	360	Φ8	360	18	0.395	2.6		
T1300型	①	1363 / 1530 / 1363 (94°)	Φ8	4257	3	0.395	5.0	8.0	0.289
	②	360	Φ8	360	21	0.395	3.0		
T1400型	①	1464 / 1635 / 1464 (94°)	Φ8	4562	3	0.395	5.4	8.4	0.316
	②	360	Φ8	360	21	0.395	3.0		
T1500型	①	1574 / 1755 / 1574 (94°)	Φ8	4903	3	0.395	5.8	9.2	0.339
	②	360	Φ8	360	24	0.395	3.4		

说明：

1. 本图尺寸以mm计；
2. 渠槽混凝土等级为C50；
3. 钢筋采用HRB335（Φ）级热轧钢筋；
4. 混凝土保护层厚度取2cm；
5. 钢筋制作施工严格按《钢筋混凝土结构设计及施工规范》（GB 98—2001）的要求，钢筋锚固长度不小于40*d*，受拉钢筋绑扎搭接长度不小于48*d*，受压钢筋绑扎搭接长度不小于34*d*，焊接搭接双面焊不小于5*d*，单面焊不小10*d*；
6. 钢筋表材料均未计损耗；
7. 未尽事宜请参照相关标准执行。

装配式渠道典型设计图集			
图名	T型装配式支墩配筋图	图号	QD-ZP-20

预制装配式T型渠盖板配筋平面布置图

1∶10

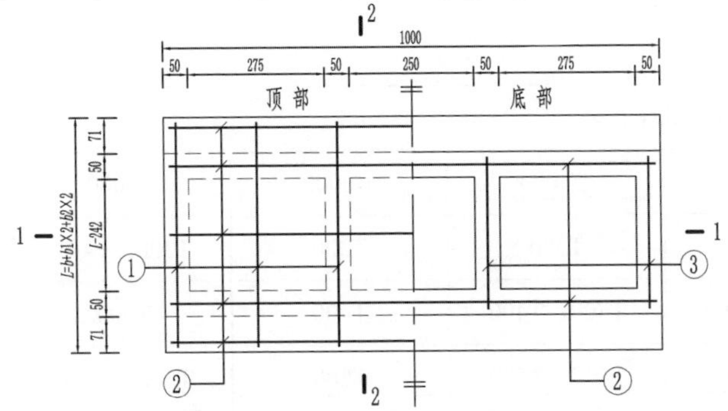

1-1剖面配筋图

1:10

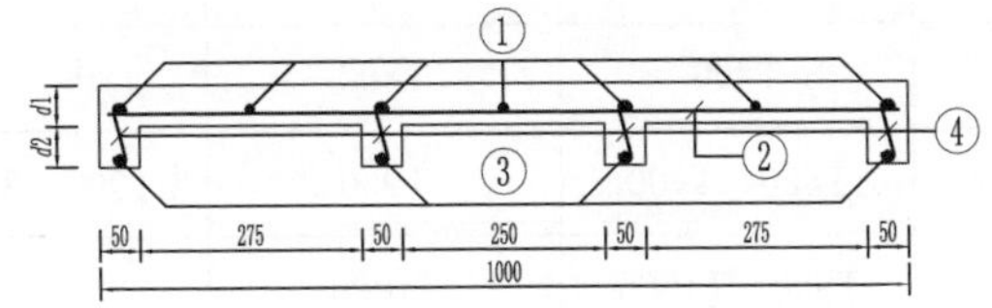

2-2剖面配筋图

1:10

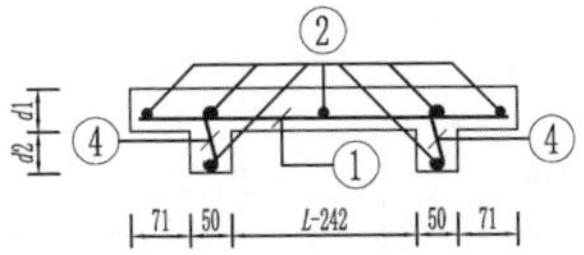

说明：

1. 本图尺寸以mm计；
2. 渠槽混凝土等级为C50；
3. 钢筋采用HRB335（Φ）级热轧钢筋；
4. 混凝土保护层厚度取2cm；
5. 钢筋制作施工严格按《钢筋混凝土结构设计及施工规范》（GB 98—2001）的要求，钢筋锚固长度不小于40d，受拉钢筋绑扎搭接长度不小于48d，受压钢筋绑扎搭接长度不小于34d，焊接搭接双面焊不小于5d，单面焊不小于10d；
6. 钢筋表材料均未计损耗；
7. 未尽事宜请参照相关标准执行。

单块预制装配式T型渠盖板工程量及钢筋表

型号	编号	形状	规格	钢筋长度/mm	钢筋根数	钢筋单重/(kg/m)	钢筋共重/kg	钢筋总重/kg	C50混凝土/m³
300型	①	424	Φ6	424	7	0.222	0.7	2.5	0.0316
	②	960	Φ6	960	6	0.222	1.3		
	③	304	Φ6	282	4	0.222	0.3		
	④	50 50 50	Φ6	150	8	0.222	0.3		
400型	①	544	Φ6	544	7	0.222	0.8	3.0	0.0388
	②	960	Φ6	960	7	0.222	1.5		
	③	424	Φ6	402	4	0.222	0.4		
	④	50 50 50	Φ6	150	8	0.222	0.3		
500型	①	666	Φ6	666	7	0.222	1.0	3.3	0.0462
	②	960	Φ6	960	7	0.222	1.5		
	③	546	Φ6	524	4	0.222	0.5		
	④	50 50 50	Φ6	150	8	0.222	0.3		
600型	①	786	Φ6	786	7	0.222	1.2	3.8	0.0534
	②	960	Φ6	960	8	0.222	1.7		
	③	666	Φ6	644	4	0.222	0.6		
	④	50 50 50	Φ6	150	8	0.222	0.3		
700型	①	908	Φ8	908	7	0.395	2.5	7.6	0.0607
	②	960	Φ8	960	9	0.395	3.4		
	③	788	Φ8	766	4	0.395	1.2		
	④	50 50 50	Φ8	150	8	0.395	0.5		
800型	①	1028	Φ8	1028	7	0.395	2.8	8.1	0.0679
	②	960	Φ8	960	9	0.395	3.4		
	③	908	Φ8	886	4	0.395	1.4		
	④	50 50 50	Φ8	150	8	0.395	0.5		
900型	①	1150	Φ8	1150	7	0.395	3.2	9.0	0.0752
	②	960	Φ8	960	10	0.395	3.8		
	③	1030	Φ8	1008	4	0.395	1.6		
	④	50 50 50	Φ8	150	8	0.395	0.5		
1000型	①	1270	Φ8	1270	7	0.395	3.5	9.6	0.1187
	②	960	Φ8	960	10	0.395	3.8		
	③	1150	Φ8	1128	4	0.395	1.8		
	④	50 70 50	Φ8	170	8	0.395	0.5		
1100型	①	1392	Φ8	1392	7	0.395	3.8	10.5	0.1292
	②	960	Φ8	960	11	0.395	4.2		
	③	1272	Φ8	1250	4	0.395	2.0		
	④	50 70 50	Φ8	170	8	0.395	0.5		
1200型	①	1492	Φ8	1492	7	0.395	4.1	11.3	0.1378
	②	960	Φ8	960	12	0.395	4.6		
	③	1372	Φ8	1350	4	0.395	2.1		
	④	50 70 50	Φ8	170	8	0.395	0.5		
1300型	①	1634	Φ8	1634	7	0.395	4.5	12.0	0.1500
	②	960	Φ8	960	12	0.395	4.6		
	③	1514	Φ8	1492	4	0.395	2.4		
	④	50 70 50	Φ8	170	8	0.395	0.5		
1400型	①	1754	Φ8	1754	7	0.395	4.8	12.9	0.1604
	②	960	Φ8	960	13	0.395	4.9		
	③	1634	Φ8	1612	4	0.395	2.5		
	④	50 70 50	Φ8	170	8	0.395	0.5		
1500型	①	1876	Φ8	1876	7	0.395	5.2	13.4	0.1709
	②	960	Φ8	960	13	0.395	4.9		
	③	1756	Φ8	1734	4	0.395	2.7		
	④	50 70 50	Φ8	170	8	0.395	0.5		

装配式渠道典型设计图集			
图名	预制装配式T型渠盖板配筋图	图号	QD-ZP-21

附表 1

T 型渠道——预制装配式混凝土渠槽选型表

一、续灌渠道模式									
渠道设计流量 /（m^3/s）	渠道（水面线）设计纵坡 i								
	1/500	1/1000	1/2000	1/3000	1/4000	1/5000	1/6000	1/8000	1/10000
$Q_{设} \leqslant 0.01$	T300	T300	T300	T300	T300	T300	T300	T300，T400	T300，T400
$0.01 < Q_{设} \leqslant 0.02$	T300	T300	T300，T400	T300，T400	T300，T400	T300，T400	T400	T400	T400
$0.02 < Q_{设} \leqslant 0.05$	T300，T400	T400	T400，T500	T400，T500	T400，T500	T400，T500	T500	T500，T600	T500，T600
$0.05 < Q_{设} \leqslant 0.10$	T400	T400，T500	T500	T500	T500，T600	T600，T700	T600，T700	T600，T700	T600，T700
$0.10 < Q_{设} \leqslant 0.15$	T500	T500，T600	T600，T700	T600，T700	T700	T700，T800	T700，T800	T700，T800	T800
$0.15 < Q_{设} \leqslant 0.20$	T500，T600	T600	T700	T700，T800	T800	T800	T800	T800，T900	T900
$0.20 < Q_{设} \leqslant 0.25$	T600	T700	T700，T800	T800	T800，T900	T800，T900	T900	T900，T1000	T900，T1000
$0.25 < Q_{设} \leqslant 0.30$	T600，T700	T700	T800	T800，T900	T900	T900，T1000	T1000	T1000	T1100
$0.30 < Q_{设} \leqslant 0.35$	T700	T700，T800	T800，T900	T900	T1000	T1000	T1000	T1100	T1100
$0.35 < Q_{设} \leqslant 0.40$	T700	T800	T900	T1000	T1000	T1000，T1100	T1100	T1100	T1200
$0.40 < Q_{设} \leqslant 0.45$	T700	T800	T900，T1000	T1000	T1100	T1100	T1100	T1200	T1200
$0.45 < Q_{设} \leqslant 0.50$	T800	T800，T900	T1000	T1100	T1100	T1100	T1200	T1200	T1300
$0.50 < Q_{设} \leqslant 0.60$	T800	T900	T1000	T1100	T1200	T1200	T1200	T1200，T1300	T1300
$0.60 < Q_{设} \leqslant 0.70$	T800，T900	T900，T1000	T1100	T1200	T1200	T1200，T1300	T1300	T1300，T1400	T1400
$0.70 < Q_{设} \leqslant 0.80$	T900	T1000	T1100	T1200	T1200，T1300	T1300	T1300，T1400	T1400	T1500
$0.80 < Q_{设} \leqslant 0.90$	T900，T1000	T1000，T1100	T1200	T1200，T1300	T1300	T1400	T1400	T1500	T1500
$0.90 < Q_{设} \leqslant 1.00$	T1000	T1100	T1200	T1300	T1400	T1400	T1500	T1500	T1500

二、轮灌渠道模式									
渠道设计流量 /（m^3/s）	渠道（水面线）设计纵坡 i								
	1/500	1/1000	1/2000	1/3000	1/4000	1/5000	1/6000	1/8000	1/10000
$Q_{\text{设}} \leqslant 0.01$	T300	T300	T300	T300	T300	T300	T300	T300	T300
$0.01 < Q_{\text{设}} \leqslant 0.02$	T300	T300	T300	T300	T400	T400	T400	T400	T400
$0.02 < Q_{\text{设}} \leqslant 0.05$	T300	T300，T400	T400	T400	T400	T400，T500	T400，T500	T400，T500	T500
$0.05 < Q_{\text{设}} \leqslant 0.10$	T400	T400，T500	T400，T500	T500	T500，T600	T500，T600	T600	T600，T700	T600，T700
$0.10 < Q_{\text{设}} \leqslant 0.15$	T400，T500	T500	T500，T600	T600	T600，T700	T600，T700	T700	T700	T700，T800
$0.15 < Q_{\text{设}} \leqslant 0.20$	T500	T500，T600	T600，T700	T700	T700	T700，T800	T700，T800	T800	T800
$0.20 < Q_{\text{设}} \leqslant 0.25$	T500	T600	T700	T700，T800	T800	T800	T800	T800，T900	T900
$0.25 < Q_{\text{设}} \leqslant 0.30$	T600	T700	T700	T800	T800	T800，T900	T900	T900，T1000	T1000
$0.30 < Q_{\text{设}} \leqslant 0.35$	T600	T700	T700	T800	T900	T900	T900，T1000	T1000	T1000
$0.35 < Q_{\text{设}} \leqslant 0.40$	T600，T700	T700	T800	T900	T900	T900，T1000	T1000	T1000	T1100
$0.40 < Q_{\text{设}} \leqslant 0.45$	T700	T700，T800	T800	T900	T1000	T1000	T1000	T1100	T1100
$0.45 < Q_{\text{设}} \leqslant 0.50$	T700	T800	T900	T900，T1000	T1000	T1000	T1100	T1100	T1100，T1200
$0.50 < Q_{\text{设}} \leqslant 0.60$	T700，T800	T800	T900，T1000	T1000	T1000，T1100	T1100	T1100	T1100，T1200	T1200
$0.60 < Q_{\text{设}} \leqslant 0.70$	T800	T800，T900	T1000	T1000，T1100	T1100	T1100，T1200	T1200	T1200，T1300	T1300
$0.70 < Q_{\text{设}} \leqslant 0.80$	T800	T900	T1000	T1100	T1100，T1200	T1200	T1200，T1300	T1300	T1300，T1400
$0.80 < Q_{\text{设}} \leqslant 0.90$	T800，T900	T1000	T1100	T1100，T1200	T1200	T1200，T1300	T1300	T1300，T1400	T1400
$0.90 < Q_{\text{设}} \leqslant 1.00$	T900	T1000	T1100	T1200	T1200，T1300	T1300	T1300，T1400	T1400	T1400，T1500

注 1. 本表依据国家标准《灌溉与排水工程设计标准》（GB 50288—2018），分轮灌和续灌两种渠道灌溉模式，均按渠道设计流量进行渠槽选型。其中：续灌渠道选型已按规范考虑了 30% 的加大流量（渠道设计流量小于 $1m^3/s$ 时）；轮灌渠道无加大流量。

2. 渠槽选型根据不同的渠道设计流量 $Q_{\text{设}}$和渠道（水面线）设计纵坡 i 进行。同一选型项中有两个渠槽型号时，按照较小流量对应较小渠槽型号、较大流量对应较大渠槽型号的原则选型。

附表 2

T 型渠道各型号特征参数与设计流量计算成果表

渠槽型号	渠槽内底宽	渠槽内全高	渠槽安全超高	渠槽内水深	渠道纵坡	渠槽内坡边坡系数	糙　率	流速（轮灌）	设计流量	
									轮灌渠道	续灌渠道
	b	H	Δh	h	i	m	n	V	$Q_{轮灌设}$	$Q_{续灌设}$
	m	m	m	m	$1/i$	内槽边坡角取 6°		m/s	m^3/s	m^3/s
	0.30	0.30	0.10	0.20	500	0.105	0.012	0.756	0.0486	0.0374
	0.30	0.30	0.10	0.20	1000	0.105	0.012	0.535	0.0343	0.0264
	0.30	0.30	0.10	0.20	2000	0.105	0.012	0.378	0.0243	0.0187
	0.30	0.30	0.10	0.20	3000	0.105	0.012	0.309	0.0198	0.0152
T300	0.30	0.30	0.10	0.20	4000	0.105	0.012	0.267	0.0172	0.0132
	0.30	0.30	0.10	0.20	5000	0.105	0.012	0.239	0.0154	0.0118
	0.30	0.30	0.10	0.20	6000	0.105	0.012	0.218	0.0140	0.0108
	0.30	0.30	0.10	0.20	8000	0.105	0.012	0.189	0.0121	0.0093
	0.30	0.30	0.10	0.20	10000	0.105	0.012	0.169	0.0109	0.0084
	0.40	0.40	0.10	0.30	500	0.105	0.012	0.952	0.1232	0.0948
	0.40	0.40	0.10	0.30	1000	0.105	0.012	0.673	0.0871	0.0670
	0.40	0.40	0.10	0.30	2000	0.105	0.012	0.476	0.0616	0.0474
	0.40	0.40	0.10	0.30	3000	0.105	0.012	0.388	0.0503	0.0387
T400	0.40	0.40	0.10	0.30	4000	0.105	0.012	0.336	0.0436	0.0335
	0.40	0.40	0.10	0.30	5000	0.105	0.012	0.301	0.0390	0.0300
	0.40	0.40	0.10	0.30	6000	0.105	0.012	0.275	0.0356	0.0274
	0.40	0.40	0.10	0.30	8000	0.105	0.012	0.238	0.0308	0.0237
	0.40	0.40	0.10	0.30	10000	0.105	0.012	0.213	0.0275	0.0212

续表

渠槽型号	渠槽内底宽	渠槽内全高	渠槽安全超高	渠槽内水深	渠道纵坡	渠槽内坡边坡系数	糙　率	流速（轮灌）	设计流量	
									轮灌渠道	续灌渠道
	b	H	Δh	h	i	m	n	V	$Q_{轮灌设}$	$Q_{续灌设}$
	m	m	m	m	$1/i$	内槽边坡角取 6°		m/s	m^3/s	m^3/s
T500	0.50	0.50	0.10	0.40	500	0.105	0.012	1.127	0.2442	0.1879
	0.50	0.50	0.10	0.40	1000	0.105	0.012	0.797	0.1727	0.1329
	0.50	0.50	0.10	0.40	2000	0.105	0.012	0.563	0.1221	0.0939
	0.50	0.50	0.10	0.40	3000	0.105	0.012	0.460	0.0997	0.0767
	0.50	0.50	0.10	0.40	4000	0.105	0.012	0.398	0.0864	0.0664
	0.50	0.50	0.10	0.40	5000	0.105	0.012	0.356	0.0772	0.0594
	0.50	0.50	0.10	0.40	6000	0.105	0.012	0.325	0.0705	0.0542
	0.50	0.50	0.10	0.40	8000	0.105	0.012	0.282	0.0611	0.0470
	0.50	0.50	0.10	0.40	10000	0.105	0.012	0.252	0.0546	0.0420
T600	0.60	0.60	0.15	0.45	500	0.105	0.012	1.247	0.3632	0.2794
	0.60	0.60	0.15	0.45	1000	0.105	0.012	0.882	0.2568	0.1975
	0.60	0.60	0.15	0.45	2000	0.105	0.012	0.623	0.1816	0.1397
	0.60	0.60	0.15	0.45	3000	0.105	0.012	0.509	0.1483	0.1141
	0.60	0.60	0.15	0.45	4000	0.105	0.012	0.441	0.1284	0.0988
	0.60	0.60	0.15	0.45	5000	0.105	0.012	0.394	0.1148	0.0883
	0.60	0.60	0.15	0.45	6000	0.105	0.012	0.360	0.1048	0.0806
	0.60	0.60	0.15	0.45	8000	0.105	0.012	0.312	0.0908	0.0698
	0.60	0.60	0.15	0.45	10000	0.105	0.012	0.279	0.0812	0.0625

续表

渠槽型号	渠槽内底宽	渠槽内全高	渠槽安全超高	渠槽内水深	渠道纵坡	渠槽内坡边坡系数	糙　率	流速（轮灌）	设计流量	
									轮灌渠道	续灌渠道
	b	H	Δh	h	i	m	n	V	$Q_{轮灌设}$	$Q_{续灌设}$
	m	m	m	m	$1/i$	内槽边坡角取 6°		m/s	m^3/s	m^3/s
T700	0.70	0.70	0.15	0.55	500	0.105	0.012	1.402	0.5843	0.4495
	0.70	0.70	0.15	0.55	1000	0.105	0.012	0.991	0.4132	0.3178
	0.70	0.70	0.15	0.55	2000	0.105	0.012	0.701	0.2922	0.2247
	0.70	0.70	0.15	0.55	3000	0.105	0.012	0.572	0.2386	0.1835
	0.70	0.70	0.15	0.55	4000	0.105	0.012	0.496	0.2066	0.1589
	0.70	0.70	0.15	0.55	5000	0.105	0.012	0.443	0.1848	0.1421
	0.70	0.70	0.15	0.55	6000	0.105	0.012	0.405	0.1687	0.1298
	0.70	0.70	0.15	0.55	8000	0.105	0.012	0.351	0.1461	0.1124
	0.70	0.70	0.15	0.55	10000	0.105	0.012	0.314	0.1307	0.1005
T800	0.80	0.80	0.15	0.65	500	0.105	0.012	1.548	0.8739	0.6722
	0.80	0.80	0.15	0.65	1000	0.105	0.012	1.095	0.6179	0.4753
	0.80	0.80	0.15	0.65	2000	0.105	0.012	0.774	0.4370	0.3361
	0.80	0.80	0.15	0.65	3000	0.105	0.012	0.632	0.3568	0.2744
	0.80	0.80	0.15	0.65	4000	0.105	0.012	0.547	0.3090	0.2377
	0.80	0.80	0.15	0.65	5000	0.105	0.012	0.490	0.2764	0.2126
	0.80	0.80	0.15	0.65	6000	0.105	0.012	0.447	0.2523	0.1941
	0.80	0.80	0.15	0.65	8000	0.105	0.012	0.387	0.2185	0.1681
	0.80	0.80	0.15	0.65	10000	0.105	0.012	0.346	0.1954	0.1503

续表

渠槽型号	渠槽内底宽	渠槽内全高	渠槽安全超高	渠槽内水深	渠道纵坡	渠槽内坡边坡系数	糙　率	流速（轮灌）	设计流量	
									轮灌渠道	续灌渠道
	b	H	Δh	h	i	m	n	V	$Q_{轮灌设}$	$Q_{续灌设}$
	m	m	m	m	$1/i$	内槽边坡角取 6°		m/s	m^3/s	m^3/s
T900	0.90	0.90	0.20	0.70	500	0.105	0.012	1.653	1.1262	0.8663
	0.90	0.90	0.20	0.70	1000	0.105	0.012	1.169	0.7963	0.6126
	0.90	0.90	0.20	0.70	2000	0.105	0.012	0.826	0.5631	0.4331
	0.90	0.90	0.20	0.70	3000	0.105	0.012	0.675	0.4598	0.3537
	0.90	0.90	0.20	0.70	4000	0.105	0.012	0.584	0.3982	0.3063
	0.90	0.90	0.20	0.70	5000	0.105	0.012	0.523	0.3561	0.2739
	0.90	0.90	0.20	0.70	6000	0.105	0.012	0.477	0.3251	0.2501
	0.90	0.90	0.20	0.70	8000	0.105	0.012	0.413	0.2815	0.2166
	0.90	0.90	0.20	0.70	10000	0.105	0.012	0.370	0.2518	0.1937
T1000	1.00	1.00	0.20	0.80	500	0.105	0.012	1.788	1.5509	1.1930
	1.00	1.00	0.20	0.80	1000	0.105	0.012	1.265	1.0966	0.8436
	1.00	1.00	0.20	0.80	2000	0.105	0.012	0.894	0.7754	0.5965
	1.00	1.00	0.20	0.80	3000	0.105	0.012	0.730	0.6331	0.4870
	1.00	1.00	0.20	0.80	4000	0.105	0.012	0.632	0.5483	0.4218
	1.00	1.00	0.20	0.80	5000	0.105	0.012	0.566	0.4904	0.3772
	1.00	1.00	0.20	0.80	6000	0.105	0.012	0.516	0.4477	0.3444
	1.00	1.00	0.20	0.80	8000	0.105	0.012	0.447	0.3877	0.2982
	1.00	1.00	0.20	0.80	10000	0.105	0.012	0.400	0.3468	0.2668

续表

渠槽型号	渠槽内底宽	渠槽内全高	渠槽安全超高	渠槽内水深	渠道纵坡	渠槽内坡边坡系数	糙　率	流速（轮灌）	设计流量	
									轮灌渠道	续灌渠道
	b	H	Δh	h	i	m	n	V	$Q_{轮灌设}$	$Q_{续灌设}$
	m	m	m	m	$1/i$	内槽边坡角取 6°		m/s	m^3/s	m^3/s
T1100	1.10	1.10	0.20	0.90	500	0.105	0.012	1.919	2.0628	1.5868
	1.10	1.10	0.20	0.90	1000	0.105	0.012	1.357	1.4586	1.1220
	1.10	1.10	0.20	0.90	2000	0.105	0.012	0.959	1.0314	0.7934
	1.10	1.10	0.20	0.90	3000	0.105	0.012	0.783	0.8421	0.6478
	1.10	1.10	0.20	0.90	4000	0.105	0.012	0.678	0.7293	0.5610
	1.10	1.10	0.20	0.90	5000	0.105	0.012	0.607	0.6523	0.5018
	1.10	1.10	0.20	0.90	6000	0.105	0.012	0.554	0.5955	0.4581
	1.10	1.10	0.20	0.90	8000	0.105	0.012	0.480	0.5157	0.3967
	1.10	1.10	0.20	0.90	10000	0.105	0.012	0.429	0.4613	0.3548
T1200	1.20	1.20	0.20	1.00	500	0.105	0.012	2.045	2.6684	2.0526
	1.20	1.20	0.20	1.00	1000	0.105	0.012	1.446	1.8869	1.4514
	1.20	1.20	0.20	1.00	2000	0.105	0.012	1.022	1.3342	1.0263
	1.20	1.20	0.20	1.00	3000	0.105	0.012	0.835	1.0894	0.8380
	1.20	1.20	0.20	1.00	4000	0.105	0.012	0.723	0.9434	0.7257
	1.20	1.20	0.20	1.00	5000	0.105	0.012	0.647	0.8438	0.6491
	1.20	1.20	0.20	1.00	6000	0.105	0.012	0.590	0.7703	0.5925
	1.20	1.20	0.20	1.00	8000	0.105	0.012	0.511	0.6671	0.5132
	1.20	1.20	0.20	1.00	10000	0.105	0.012	0.457	0.5967	0.4590

续表

渠槽型号	渠槽内底宽	渠槽内全高	渠槽安全超高	渠槽内水深	渠道纵坡	渠槽内坡边坡系数	糙　率	流速（轮灌）	设计流量	
									轮灌渠道	续灌渠道
	b	H	Δh	h	i	m	n	V	$Q_{轮灌设}$	$Q_{续灌设}$
	m	m	m	m	$1/i$	内槽边坡角取 6°		m/s	m^3/s	m^3/s
T1300	1.30	1.30	0.20	1.10	500	0.105	0.012	2.167	3.3739	2.5953
	1.30	1.30	0.20	1.10	1000	0.105	0.012	1.532	2.3857	1.8351
	1.30	1.30	0.20	1.10	2000	0.105	0.012	1.083	1.6869	1.2976
	1.30	1.30	0.20	1.10	3000	0.105	0.012	0.885	1.3774	1.0595
	1.30	1.30	0.20	1.10	4000	0.105	0.012	0.766	1.1928	0.9176
	1.30	1.30	0.20	1.10	5000	0.105	0.012	0.685	1.0669	0.8207
	1.30	1.30	0.20	1.10	6000	0.105	0.012	0.626	0.9739	0.7492
	1.30	1.30	0.20	1.10	8000	0.105	0.012	0.542	0.8435	0.6488
	1.30	1.30	0.20	1.10	10000	0.105	0.012	0.485	0.7544	0.5803
T1400	1.40	1.40	0.20	1.20	500	0.105	0.012	2.285	4.1850	3.2193
	1.40	1.40	0.20	1.20	1000	0.105	0.012	1.616	2.9593	2.2764
	1.40	1.40	0.20	1.20	2000	0.105	0.012	1.143	2.0925	1.6096
	1.40	1.40	0.20	1.20	3000	0.105	0.012	0.933	1.7085	1.3143
	1.40	1.40	0.20	1.20	4000	0.105	0.012	0.808	1.4796	1.1382
	1.40	1.40	0.20	1.20	5000	0.105	0.012	0.723	1.3234	1.0180
	1.40	1.40	0.20	1.20	6000	0.105	0.012	0.660	1.2081	0.9293
	1.40	1.40	0.20	1.20	8000	0.105	0.012	0.571	1.0463	0.8048
	1.40	1.40	0.20	1.20	10000	0.105	0.012	0.511	0.9358	0.7198

续表

渠槽型号	渠槽内底宽	渠槽内全高	渠槽安全超高	渠槽内水深	渠道纵坡	渠槽内坡边坡系数	糙　率	流速（轮灌）	设计流量	
									轮灌渠道	续灌渠道
	b	H	Δh	h	i	m	n	V	$Q_{轮灌设}$	$Q_{续灌设}$
	m	m	m	m	1/i	内槽边坡角取 6°		m/s	m^3/s	m^3/s
T1500	1.50	1.50	0.20	1.30	500	0.105	0.012	2.401	5.1078	3.9291
	1.50	1.50	0.20	1.30	1000	0.105	0.012	1.698	3.6118	2.7783
	1.50	1.50	0.20	1.30	2000	0.105	0.012	1.200	2.5539	1.9645
	1.50	1.50	0.20	1.30	3000	0.105	0.012	0.980	2.0853	1.6040
	1.50	1.50	0.20	1.30	4000	0.105	0.012	0.849	1.8059	1.3891
	1.50	1.50	0.20	1.30	5000	0.105	0.012	0.759	1.6152	1.2425
	1.50	1.50	0.20	1.30	6000	0.105	0.012	0.693	1.4745	1.1342
	1.50	1.50	0.20	1.30	8000	0.105	0.012	0.600	1.2770	0.9823
	1.50	1.50	0.20	1.30	10000	0.105	0.012	0.537	1.1421	0.8786

附表 3

续灌渠道设计流量与灌溉面积计算成果表

单位：亩

灌溉水有效利用系数	田间综合灌水率 q/[m^3/(s·万亩)]	续灌渠道设计流量 $Q_{设}$/(m^3/s)																
		0.01	0.02	0.05	0.10	0.15	0.20	0.25	0.30	0.35	0.40	0.45	0.50	0.60	0.70	0.80	0.90	1.00
0.85	0.35	243	486	1214	2429	3643	4857	6071	7286	8500	9714	10929	12143	14571	17000	19429	21857	24286
	0.40	213	425	1063	2125	3188	4250	5313	6375	7438	8500	9563	10625	12750	14875	17000	19125	21250
	0.45	189	378	944	1889	2833	3778	4722	5667	6611	7556	8500	9444	11333	13222	15111	17000	18889
	0.50	170	340	850	1700	2550	3400	4250	5100	5950	6800	7650	8500	10200	11900	13600	15300	17000
	0.55	155	309	773	1545	2318	3091	3864	4636	5409	6182	6955	7727	9273	10818	12364	13909	15455
	0.60	142	283	708	1417	2125	2833	3542	4250	4958	5667	6375	7083	8500	9917	11333	12750	14167
	0.65	131	262	654	1308	1962	2615	3269	3923	4577	5231	5885	6538	7846	9154	10462	11769	13077
	0.70	121	243	607	1214	1821	2429	3036	3643	4250	4857	5464	6071	7286	8500	9714	10929	12143
0.80	0.35	229	457	1143	2286	3429	4571	5714	6857	8000	9143	10286	11429	13714	16000	18286	20571	22857
	0.40	200	400	1000	2000	3000	4000	5000	6000	7000	8000	9000	10000	12000	14000	16000	18000	20000
	0.45	178	356	889	1778	2667	3556	4444	5333	6222	7111	8000	8889	10667	12444	14222	16000	17778
	0.50	160	320	800	1600	2400	3200	4000	4800	5600	6400	7200	8000	9600	11200	12800	14400	16000
	0.55	145	291	727	1455	2182	2909	3636	4364	5091	5818	6545	7273	8727	10182	11636	13091	14545
	0.60	133	267	667	1333	2000	2667	3333	4000	4667	5333	6000	6667	8000	9333	10667	12000	13333
	0.65	123	246	615	1231	1846	2462	3077	3692	4308	4923	5538	6154	7385	8615	9846	11077	12308
	0.70	114	229	571	1143	1714	2286	2857	3429	4000	4571	5143	5714	6857	8000	9143	10286	11429
0.75	0.35	214	429	1071	2143	3214	4286	5357	6429	7500	8571	9643	10714	12857	15000	17143	19286	21429
	0.40	188	375	938	1875	2813	3750	4688	5625	6563	7500	8438	9375	11250	13125	15000	16875	18750
	0.45	167	333	833	1667	2500	3333	4167	5000	5833	6667	7500	8333	10000	11667	13333	15000	16667
	0.50	150	300	750	1500	2250	3000	3750	4500	5250	6000	6750	7500	9000	10500	12000	13500	15000
	0.55	136	273	682	1364	2045	2727	3409	4091	4773	5455	6136	6818	8182	9545	10909	12273	13636
	0.60	125	250	625	1250	1875	2500	3125	3750	4375	5000	5625	6250	7500	8750	10000	11250	12500
	0.65	115	231	577	1154	1731	2308	2885	3462	4038	4615	5192	5769	6923	8077	9231	10385	11538
	0.70	107	214	536	1071	1607	2143	2679	3214	3750	4286	4821	5357	6429	7500	8571	9643	10714

灌溉水有效利用系数	田间综合灌水率 q/[m³/(s·万亩)]	续灌渠道设计流量 $Q_{设}$/(m³/s)																
		0.01	0.02	0.05	0.10	0.15	0.20	0.25	0.30	0.35	0.40	0.45	0.50	0.60	0.70	0.80	0.90	1.00
0.70	0.35	200	400	1000	2000	3000	4000	5000	6000	7000	8000	9000	10000	12000	14000	16000	18000	20000
	0.40	175	350	875	1750	2625	3500	4375	5250	6125	7000	7875	8750	10500	12250	14000	15750	17500
	0.45	156	311	778	1556	2333	3111	3889	4667	5444	6222	7000	7778	9333	10889	12444	14000	15556
	0.50	140	280	700	1400	2100	2800	3500	4200	4900	5600	6300	7000	8400	9800	11200	12600	14000
	0.55	127	255	636	1273	1909	2545	3182	3818	4455	5091	5727	6364	7636	8909	10182	11455	12727
	0.60	117	233	583	1167	1750	2333	2917	3500	4083	4667	5250	5833	7000	8167	9333	10500	11667
	0.65	108	215	538	1077	1615	2154	2692	3231	3769	4308	4846	5385	6462	7538	8615	9692	10769
	0.70	100	200	500	1000	1500	2000	2500	3000	3500	4000	4500	5000	6000	7000	8000	9000	10000
0.65	0.35	186	371	929	1857	2786	3714	4643	5571	6500	7429	8357	9286	11143	13000	14857	16714	18571
	0.40	163	325	813	1625	2438	3250	4063	4875	5688	6500	7313	8125	9750	11375	13000	14625	16250
	0.45	144	289	722	1444	2167	2889	3611	4333	5056	5778	6500	7222	8667	10111	11556	13000	14444
	0.50	130	260	650	1300	1950	2600	3250	3900	4550	5200	5850	6500	7800	9100	10400	11700	13000
	0.55	118	236	591	1182	1773	2364	2955	3545	4136	4727	5318	5909	7091	8273	9455	10636	11818
	0.60	108	217	542	1083	1625	2167	2708	3250	3792	4333	4875	5417	6500	7583	8667	9750	10833
	0.65	100	200	500	1000	1500	2000	2500	3000	3500	4000	4500	5000	6000	7000	8000	9000	10000
	0.70	93	186	464	929	1393	1857	2321	2786	3250	3714	4179	4643	5571	6500	7429	8357	9286
0.60	0.35	171	343	857	1714	2571	3429	4286	5143	6000	6857	7714	8571	10286	12000	13714	15429	17143
	0.40	150	300	750	1500	2250	3000	3750	4500	5250	6000	6750	7500	9000	10500	12000	13500	15000
	0.45	133	267	667	1333	2000	2667	3333	4000	4667	5333	6000	6667	8000	9333	10667	12000	13333
	0.50	120	240	600	1200	1800	2400	3000	3600	4200	4800	5400	6000	7200	8400	9600	10800	12000
	0.55	109	218	545	1091	1636	2182	2727	3273	3818	4364	4909	5455	6545	7636	8727	9818	10909
	0.60	100	200	500	1000	1500	2000	2500	3000	3500	4000	4500	5000	6000	7000	8000	9000	10000
	0.65	92	185	462	923	1385	1846	2308	2769	3231	3692	4154	4615	5538	6462	7385	8308	9231
	0.70	86	171	429	857	1286	1714	2143	2571	3000	3429	3857	4286	5143	6000	6857	7714	8571

注 1. 根据渠道所处灌溉区域的灌溉水有效利用系数、田间综合灌水率和设计流量参数可查算设计灌溉面积参数，或反过来用灌溉面积查算设计流量参数。所有参数均可内插查算。

2. 本表适用于续灌模式渠道。

附表 4

分两组轮灌渠道设计流量与灌溉面积计算成果表

单位：亩

灌溉水有效利用系数	田间综合灌水率 q/[m^3/(s·万亩)]	分两组轮灌渠道设计流量 $Q_{设}$/(m^3/s)																
		0.01	0.02	0.05	0.10	0.15	0.20	0.25	0.30	0.35	0.40	0.45	0.50	0.60	0.70	0.80	0.90	1.00
0.85	0.35	121	243	607	1214	1821	2429	3036	3643	4250	4857	5464	6071	7286	8500	9714	10929	12143
	0.40	106	213	531	1063	1594	2125	2656	3188	3719	4250	4781	5313	6375	7438	8500	9563	10625
	0.45	94	189	472	944	1417	1889	2361	2833	3306	3778	4250	4722	5667	6611	7556	8500	9444
	0.50	85	170	425	850	1275	1700	2125	2550	2975	3400	3825	4250	5100	5950	6800	7650	8500
	0.55	77	155	386	773	1159	1545	1932	2318	2705	3091	3477	3864	4636	5409	6182	6955	7727
	0.60	71	142	354	708	1063	1417	1771	2125	2479	2833	3188	3542	4250	4958	5667	6375	7083
	0.65	65	131	327	654	981	1308	1635	1962	2288	2615	2942	3269	3923	4577	5231	5885	6538
	0.70	61	121	304	607	911	1214	1518	1821	2125	2429	2732	3036	3643	4250	4857	5464	6071
0.80	0.35	114	229	571	1143	1714	2286	2857	3429	4000	4571	5143	5714	6857	8000	9143	10286	11429
	0.40	100	200	500	1000	1500	2000	2500	3000	3500	4000	4500	5000	6000	7000	8000	9000	10000
	0.45	89	178	444	889	1333	1778	2222	2667	3111	3556	4000	4444	5333	6222	7111	8000	8889
	0.50	80	160	400	800	1200	1600	2000	2400	2800	3200	3600	4000	4800	5600	6400	7200	8000
	0.55	73	145	364	727	1091	1455	1818	2182	2545	2909	3273	3636	4364	5091	5818	6545	7273
	0.60	67	133	333	667	1000	1333	1667	2000	2333	2667	3000	3333	4000	4667	5333	6000	6667
	0.65	62	123	308	615	923	1231	1538	1846	2154	2462	2769	3077	3692	4308	4923	5538	6154
	0.70	57	114	286	571	857	1143	1429	1714	2000	2286	2571	2857	3429	4000	4571	5143	5714
0.75	0.35	107	214	536	1071	1607	2143	2679	3214	3750	4286	4821	5357	6429	7500	8571	9643	10714
	0.40	94	188	469	938	1406	1875	2344	2813	3281	3750	4219	4688	5625	6563	7500	8438	9375
	0.45	83	167	417	833	1250	1667	2083	2500	2917	3333	3750	4167	5000	5833	6667	7500	8333
	0.50	75	150	375	750	1125	1500	1875	2250	2625	3000	3375	3750	4500	5250	6000	6750	7500
	0.55	68	136	341	682	1023	1364	1705	2045	2386	2727	3068	3409	4091	4773	5455	6136	6818
	0.60	63	125	313	625	938	1250	1563	1875	2188	2500	2813	3125	3750	4375	5000	5625	6250
	0.65	58	115	288	577	865	1154	1442	1731	2019	2308	2596	2885	3462	4038	4615	5192	5769
	0.70	54	107	268	536	804	1071	1339	1607	1875	2143	2411	2679	3214	3750	4286	4821	5357

续表

灌溉水有效利用系数	田间综合灌水率 q/[m^3/(s·万亩)]	分两组轮灌渠道设计流量 $Q_{设}$/(m^3/s)																
		0.01	0.02	0.05	0.10	0.15	0.20	0.25	0.30	0.35	0.40	0.45	0.50	0.60	0.70	0.80	0.90	1.00
0.70	0.35	100	200	500	1000	1500	2000	2500	3000	3500	4000	4500	5000	6000	7000	8000	9000	10000
	0.40	88	175	438	875	1313	1750	2188	2625	3063	3500	3938	4375	5250	6125	7000	7875	8750
	0.45	78	156	389	778	1167	1556	1944	2333	2722	3111	3500	3889	4667	5444	6222	7000	7778
	0.50	70	140	350	700	1050	1400	1750	2100	2450	2800	3150	3500	4200	4900	5600	6300	7000
	0.55	64	127	318	636	955	1273	1591	1909	2227	2545	2864	3182	3818	4455	5091	5727	6364
	0.60	58	117	292	583	875	1167	1458	1750	2042	2333	2625	2917	3500	4083	4667	5250	5833
	0.65	54	108	269	538	808	1077	1346	1615	1885	2154	2423	2692	3231	3769	4308	4846	5385
	0.70	50	100	250	500	750	1000	1250	1500	1750	2000	2250	2500	3000	3500	4000	4500	5000
0.65	0.35	93	186	464	929	1393	1857	2321	2786	3250	3714	4179	4643	5571	6500	7429	8357	9286
	0.40	81	163	406	813	1219	1625	2031	2438	2844	3250	3656	4063	4875	5688	6500	7313	8125
	0.45	72	144	361	722	1083	1444	1806	2167	2528	2889	3250	3611	4333	5056	5778	6500	7222
	0.50	65	130	325	650	975	1300	1625	1950	2275	2600	2925	3250	3900	4550	5200	5850	6500
	0.55	59	118	295	591	886	1182	1477	1773	2068	2364	2659	2955	3545	4136	4727	5318	5909
	0.60	54	108	271	542	813	1083	1354	1625	1896	2167	2438	2708	3250	3792	4333	4875	5417
	0.65	50	100	250	500	750	1000	1250	1500	1750	2000	2250	2500	3000	3500	4000	4500	5000
	0.70	46	93	232	464	696	929	1161	1393	1625	1857	2089	2321	2786	3250	3714	4179	4643
0.60	0.35	86	171	429	857	1286	1714	2143	2571	3000	3429	3857	4286	5143	6000	6857	7714	8571
	0.40	75	150	375	750	1125	1500	1875	2250	2625	3000	3375	3750	4500	5250	6000	6750	7500
	0.45	67	133	333	667	1000	1333	1667	2000	2333	2667	3000	3333	4000	4667	5333	6000	6667
	0.50	60	120	300	600	900	1200	1500	1800	2100	2400	2700	3000	3600	4200	4800	5400	6000
	0.55	55	109	273	545	818	1091	1364	1636	1909	2182	2455	2727	3273	3818	4364	4909	5455
	0.60	50	100	250	500	750	1000	1250	1500	1750	2000	2250	2500	3000	3500	4000	4500	5000
	0.65	46	92	231	462	692	923	1154	1385	1615	1846	2077	2308	2769	3231	3692	4154	4615
	0.70	43	86	214	429	643	857	1071	1286	1500	1714	1929	2143	2571	3000	3429	3857	4286

注 1. 根据渠道所处灌溉区域的灌溉水有效利用系数、田间综合灌水率和设计流量参数可查算设计灌溉面积参数，或反过来用灌溉面积查算设计流量参数。所有参数均可内插查算。
2. 本表适用于两组轮灌模式渠道。

附表 5

分三组轮灌渠道设计流量与灌溉面积计算成果表

单位：亩

灌溉水有效利用系数	田间综合灌水率 q/[m^3/(s·万亩)]	分三组轮灌渠道设计流量 $Q_{设}$/(m^3/s)																
		0.01	0.02	0.05	0.10	0.15	0.20	0.25	0.30	0.35	0.40	0.45	0.50	0.60	0.70	0.80	0.90	1.00
0.85	0.35	81	162	405	810	1214	1619	2024	2429	2833	3238	3643	4048	4857	5667	6476	7286	8095
	0.40	71	142	354	708	1063	1417	1771	2125	2479	2833	3188	3542	4250	4958	5667	6375	7083
	0.45	63	126	315	630	944	1259	1574	1889	2204	2519	2833	3148	3778	4407	5037	5667	6296
	0.50	57	113	283	567	850	1133	1417	1700	1983	2267	2550	2833	3400	3967	4533	5100	5667
	0.55	52	103	258	515	773	1030	1288	1545	1803	2061	2318	2576	3091	3606	4121	4636	5152
	0.60	47	94	236	472	708	944	1181	1417	1653	1889	2125	2361	2833	3306	3778	4250	4722
	0.65	44	87	218	436	654	872	1090	1308	1526	1744	1962	2179	2615	3051	3487	3923	4359
	0.70	40	81	202	405	607	810	1012	1214	1417	1619	1821	2024	2429	2833	3238	3643	4048
0.80	0.35	76	152	381	762	1143	1524	1905	2286	2667	3048	3429	3810	4571	5333	6095	6857	7619
	0.40	67	133	333	667	1000	1333	1667	2000	2333	2667	3000	3333	4000	4667	5333	6000	6667
	0.45	59	119	296	593	889	1185	1481	1778	2074	2370	2667	2963	3556	4148	4741	5333	5926
	0.50	53	107	267	533	800	1067	1333	1600	1867	2133	2400	2667	3200	3733	4267	4800	5333
	0.55	48	97	242	485	727	970	1212	1455	1697	1939	2182	2424	2909	3394	3879	4364	4848
	0.60	44	89	222	444	667	889	1111	1333	1556	1778	2000	2222	2667	3111	3556	4000	4444
	0.65	41	82	205	410	615	821	1026	1231	1436	1641	1846	2051	2462	2872	3282	3692	4103
	0.70	38	76	190	381	571	762	952	1143	1333	1524	1714	1905	2286	2667	3048	3429	3810
0.75	0.35	71	143	357	714	1071	1429	1786	2143	2500	2857	3214	3571	4286	5000	5714	6429	7143
	0.40	63	125	313	625	938	1250	1563	1875	2188	2500	2813	3125	3750	4375	5000	5625	6250
	0.45	56	111	278	556	833	1111	1389	1667	1944	2222	2500	2778	3333	3889	4444	5000	5556
	0.50	50	100	250	500	750	1000	1250	1500	1750	2000	2250	2500	3000	3500	4000	4500	5000
	0.55	45	91	227	455	682	909	1136	1364	1591	1818	2045	2273	2727	3182	3636	4091	4545
	0.60	42	83	208	417	625	833	1042	1250	1458	1667	1875	2083	2500	2917	3333	3750	4167
	0.65	38	77	192	385	577	769	962	1154	1346	1538	1731	1923	2308	2692	3077	3462	3846
	0.70	36	71	179	357	536	714	893	1071	1250	1429	1607	1786	2143	2500	2857	3214	3571

续表

灌溉水有效利用系数	田间综合灌水率 q/[m^3/(s·万亩)]	分三组轮灌渠道设计流量 $Q_{设}$/(m^3/s)																
		0.01	0.02	0.05	0.10	0.15	0.20	0.25	0.30	0.35	0.40	0.45	0.50	0.60	0.70	0.80	0.90	1.00
0.70	0.35	67	133	333	667	1000	1333	1667	2000	2333	2667	3000	3333	4000	4667	5333	6000	6667
	0.40	58	117	292	583	875	1167	1458	1750	2042	2333	2625	2917	3500	4083	4667	5250	5833
	0.45	52	104	259	519	778	1037	1296	1556	1815	2074	2333	2593	3111	3630	4148	4667	5185
	0.50	47	93	233	467	700	933	1167	1400	1633	1867	2100	2333	2800	3267	3733	4200	4667
	0.55	42	85	212	424	636	848	1061	1273	1485	1697	1909	2121	2545	2970	3394	3818	4242
	0.60	39	78	194	389	583	778	972	1167	1361	1556	1750	1944	2333	2722	3111	3500	3889
	0.65	36	72	179	359	538	718	897	1077	1256	1436	1615	1795	2154	2513	2872	3231	3590
	0.70	33	67	167	333	500	667	833	1000	1167	1333	1500	1667	2000	2333	2667	3000	3333
0.65	0.35	62	124	310	619	929	1238	1548	1857	2167	2476	2786	3095	3714	4333	4952	5571	6190
	0.40	54	108	271	542	813	1083	1354	1625	1896	2167	2438	2708	3250	3792	4333	4875	5417
	0.45	48	96	241	481	722	963	1204	1444	1685	1926	2167	2407	2889	3370	3852	4333	4815
	0.50	43	87	217	433	650	867	1083	1300	1517	1733	1950	2167	2600	3033	3467	3900	4333
	0.55	39	79	197	394	591	788	985	1182	1379	1576	1773	1970	2364	2758	3152	3545	3939
	0.60	36	72	181	361	542	722	903	1083	1264	1444	1625	1806	2167	2528	2889	3250	3611
	0.65	33	67	167	333	500	667	833	1000	1167	1333	1500	1667	2000	2333	2667	3000	3333
	0.70	31	62	155	310	464	619	774	929	1083	1238	1393	1548	1857	2167	2476	2786	3095
0.60	0.35	57	114	286	571	857	1143	1429	1714	2000	2286	2571	2857	3429	4000	4571	5143	5714
	0.40	50	100	250	500	750	1000	1250	1500	1750	2000	2250	2500	3000	3500	4000	4500	5000
	0.45	44	89	222	444	667	889	1111	1333	1556	1778	2000	2222	2667	3111	3556	4000	4444
	0.50	40	80	200	400	600	800	1000	1200	1400	1600	1800	2000	2400	2800	3200	3600	4000
	0.55	36	73	182	364	545	727	909	1091	1273	1455	1636	1818	2182	2545	2909	3273	3636
	0.60	33	67	167	333	500	667	833	1000	1167	1333	1500	1667	2000	2333	2667	3000	3333
	0.65	31	62	154	308	462	615	769	923	1077	1231	1385	1538	1846	2154	2462	2769	3077
	0.70	29	57	143	286	429	571	714	857	1000	1143	1286	1429	1714	2000	2286	2571	2857

注 1. 根据渠道所处灌溉区域的灌溉水有效利用系数、田间综合灌水率和设计流量参数可查算设计灌溉面积参数，或反过来用灌溉面积查算设计流量参数。所有参数均可内插查算。

2. 本表适用于三组轮灌模式渠道。

附表 6

T 型槽槽底侧墙厚度计算成果表

型　　号	渠　　深	槽底侧墙加厚系数	槽底加厚值	槽口厚	槽底侧墙厚	
					理论值	采用值
	mm	tan（6°～4°）	mm	mm	mm	mm
T300	300	0.0350	10.5	40	50.5	50
T400	400	0.0350	14.0	40	54.0	55
T500	500	0.0350	17.5	40	57.5	60
T600	600	0.0350	21.0	40	61.0	65
T700	700	0.0350	24.5	50	74.5	75
T800	800	0.0350	28.0	50	78.0	80
T900	900	0.0350	31.5	50	81.5	85
T1000	1000	0.0350	35.0	50	85.0	90
T1100	1100	0.0350	38.5	50	88.5	90
T1200	1200	0.0350	42.0	50	92.0	90
T1300	1300	0.0350	45.5	50	95.5	100
T1400	1400	0.0350	49.0	50	99.0	100
T1500	1500	0.0350	52.5	50	102.5	110